烟气脱硝系统
运行优化控制与维护

北京京能电力股份有限公司　组编

中国电力出版社
CHINA ELECTRIC POWER PRESS

内容提要

随着国家对大气 NO_x 排放标准要求的日益提高，燃煤发电厂对 SCR 脱硝系统的控制要求也越来越高，既要保证 NO_x 排放符合国家标准，又要防止因过度喷氨而导致的空气预热器堵塞现象。因此，SCR 脱硝系统运行优化控制及维护成为发电企业面临的一个重要课题。

本书主要围绕国内火电机组主流的 SCR 脱硝系统，并结合工程改造和运行维护经验，对脱硝技术原理、运行优化控制，以及系统维护进行论述。本书共分 7 章，主要内容包括概述、SCR 脱硝系统原理与工艺、SCR 脱硝系统的催化剂、SCR 还原剂制备系统、SCR 脱硝喷氨量控制系统、SCR 脱硝分区喷氨控制、SCR 脱硝系统的运行与维护。

本书适于电力行业从事火力发电厂脱硝系统设计、建设、运行维护的工程技术和管理人员使用，也可供涉氨企业相关专业人员学习参考。

图书在版编目（CIP）数据

烟气脱硝系统运行优化控制与维护 / 北京京能电力股份有限公司组编 . -- 北京：中国电力出版社，2025.
4． -- ISBN 978-7-5198-9849-6

Ⅰ．X773.017

中国国家版本馆 CIP 数据核字第 2025292WF7 号

出版发行：中国电力出版社

地　　址：北京市东城区北京站西街 19 号（邮政编码 100005）

网　　址：http://www.cepp.sgcc.com.cn

责任编辑：张　妍　孙　芳（010-63412381）

责任校对：黄　蓓　朱丽芳

装帧设计：赵姗姗

责任印制：吴　迪

印　　刷：三河市万龙印装有限公司

版　　次：2025 年 4 月第一版

印　　次：2025 年 4 月北京第一次印刷

开　　本：787 毫米×1092 毫米　16 开本

印　　张：7.75

字　　数：168 千字

印　　数：0001—1000 册

定　　价：68.00 元

编　委　会

主　任　张　伟

副 主 任　李染生

委　员　厚伯笼　韩志勇　王　清　李　刚　李前宇

编　写　组

主　编　郭洪远

副 主 编　景　杰　王小峰

编写人员　王建峰　张汉凯　孙禄锋　高天龙　赵俊斌　赵长江

　　　　　刘　君　梁志刚　李北记　柴国勋　李　磊　王　凯

　　　　　徐　超　赵鹏鹏　朱存旭

前　言

氮氧化物（NO_x）作为主要大气污染物之一，对生态环境和人体健康构成严重威胁，其引发的酸雨、光化学烟雾及细颗粒物污染已成为全球环境治理的焦点。为应对日益严格的环保法规和"双碳"战略目标，选择性催化还原（Selective Catalytic Reduction，SCR）技术凭借其高效、稳定的脱硝性能，在工业过程烟气脱硝系统中得到了普遍应用。然而，其运行过程中存在的氨逃逸超标、催化剂失活及多变量耦合等复杂问题，对控制策略的精准性和适应性提出了更高要求。因此，深入研究 SCR 脱硝控制技术，优化动态工况下的运行参数与协同调控能力，不仅是提升环保效能、降低企业成本的关键路径，更是推动能源电力、冶金化工等高碳行业绿色转型的重要技术支撑，对实现环境治理与可持续发展的协同共进具有重要意义。

本书主要围绕国内火电机组主流的 SCR 脱硝系统，并结合工程改造和运行维护经验，对脱硝技术原理、运行优化控制，以及系统维护进行论述。本书共分 7 章，主要内容包括：概述，主要对烟气脱硝技术的背景、种类、国内现状及发展趋势进行了说明；SCR 脱硝系统原理与工艺，着重介绍了 SCR 脱硝系统的主要设备、工艺流程及脱硝的基本原理；SCR 脱硝系统的催化剂，针对火电厂主流的催化剂种类、特点及催化剂的再生和维护进行了介绍；SCR 还原剂制备系统，着重介绍了国内应用广泛的尿素制氨技术、尿素水解系统及其运行监测与控制；SCR 脱硝喷氨点量控制，对喷氨总量控制系统进行了论述，涉及传统的喷氨量控制策略、基于信号重构的喷氨量前馈控制、基于模型预测的喷氨量反馈控制、喷氨总量控制系统的仿真与应用；SCR 脱硝分区喷氨控制，介绍了分区喷氨设计与改造、分区喷氨测量系统、分区喷氨控制策略及工程应用情况；SCR 脱硝系统的运行与维护，对 SCR 脱硝系统的启动、运行、调整及维护进行了介绍。

限于作者的水平和经验，书中难免有些缺陷和不足，敬请各位读者批评指正。

编　者
2024 年 10 月

目　录

概　　述

1.1　烟气脱硝技术的背景

随着工业技术的井喷式发展，人们的生活迎来了日新月异的变化。同时，环境问题也变得日益严峻。面对严重的环境污染问题，国家接连出台了一系列相关的环保法律法规。2005 年国务院发布了《关于落实科学发展观加强环境保护的决定》（国发〔2005〕39号）；2011 年国家环保总局颁布了《火电厂大气污染物排放标准》（GB 13223—2011）等。这些法规政策的出台，不仅体现了政府对环境保护的高度重视，也推进了环保技术的创新与发展，为电力行业的可持续发展提供了有力支撑。

火力发电厂作为能源供应的重要支柱，其烟气排放问题也越发凸显，特别是氮氧化物（NO_x）的排放已成为主要的大气环境污染源之一。氮氧化物作为一种有害气体，对空气质量和生态系统构成了严重威胁。NO_x 不仅对人类健康造成直接威胁，还加剧了生态环境恶化，对全球气候变化产生深远影响。

鉴于火力发电厂烟气排放的严重污染问题，国家对其 NO_x 排放实施了严格监管和限制。面对环境保护的迫切需求和法规政策的促使，火力发电厂不得不加大对烟气脱硝技术的研发投入。根据调查，国内的电力行业正在积极探索和研究各种烟气处理技术，包括高效脱硫、脱硝、除尘技术在内的多项技术创新正在不断推进。这些技术能够有效地降低烟气中有害物质的含量，提高能源回收效率，这也使得烟气脱硝技术的研究与应用显得尤为重要。

深入研究并应用火力发电设备烟气脱硝技术，对于保障人类生存环境、维护生态平衡具有极为重要的环保意义。烟气脱硝技术的应用，不仅能够降低 NO_x 的排放，改善大气环境质量，同时也有助于提高火力发电厂的运行效率和经济效益。通过减少 NO_x 排放，发电厂可以减少因环境污染而引发的治理成本，提升企业的市场竞争力。烟气脱硝技术的实施，还能提高发电设备的可靠性和使用寿命，降低因设备损坏而产生的维修成本，进一步提升火力发电厂的经济效益。

只有通过不断创新和进步，推动其向更高效、更环保的方向发展，才能实现火力发电行业的可持续发展，为构建绿色、低碳的能源体系作出积极贡献。

一、火力发电厂氮氧化物产生的原因

火力发电以其成熟的技术、稳定的输出，以及丰富的资源基础在全球电力供应中占据举足轻重的地位。但当我们享受由煤炭、天然气等化石燃料燃烧转化成电能带来的便

利时，不可避免地会产生一系列环境问题。

在火力发电过程中，燃料燃烧会产生大量的高温烟气。这些高温烟气中蕴含着大量的热能，是能量转换的重要来源。如何有效地利用这些高温烟气，以最大限度地回收能源并减少环境污染，一直是电力行业面临的重要挑战。

燃料燃烧产生的高温烟气成分极为复杂。其中的二氧化硫、氮氧化物，以及颗粒物等有害物质会对环境造成了严重的污染。这些有害的化学物质在排放到大气中后，会经过一系列复杂的化学反应，它们还有可能被人体吸入，对健康产生不良影响。

在这些有害物质中，氮氧化物（NO_x）的产生及排放是我们重点关注的。氮氧化物并非源自单一源头，而是多种因素共同作用的结果。首先是热力型（NO_x），大气中的氮气（N_2）在温度高于1350℃时会与氧气（O_2）结合形成一氧化二氮（NO），随后再被氧化成为二氧化氮（NO_2）；其次是燃料型（NO_x），在燃料燃烧过程中也含有许多含氮化合物。煤中氮主要以有机形态赋存，氮含量为0.5%～2.5%；原料中氮含量主要以NH_4^+形式存在于有机物质中，这些化合物也会分解并释放出氮氧化物；最后是瞬时型（NO_x），燃料的不完全燃烧或者是燃料调整不当，碳氢类燃料在过剩空气系数较大燃料条件下，碳氢化合物和N_2在炉膛内快速反应而生成，异常的燃烧工况都会导致更多的氮氧化物生成。这3类NO_x的生成机理各不相同，但相互之间又有一定联系。燃料型（NO_x）在600～800℃时就会生成，占生成总量的70%～90%；热力型（NO_x）在温度高于1350℃时才开始形成，一般煤粉炉热力型氮氧化物占生成总量的10%～20%，瞬时型（NO_x）生成量很少，可以忽略不计。NO_x的生成机理对最终的排放量影响很大，研究燃烧过程中的NO_x生成机理对有效抑制它的产生具有重要意义。

二、火力发电厂氮氧化物排放的特点

据环保部门统计数据显示，火力发电已成为我国NO_x主要来源之一。虽然通过各种烟气处理技术，每千千瓦时电量产生的NO_x量逐年下降，但随着电力需求的增长，总体排放量依然居高不下。研究氮氧化物排放的特点，对于控制氮氧化物的排放具有重要的指导意义。

1. 氮氧化物排放区域分布不均

众多火力发电厂编织而成庞大的发电网络，但是分布并不均匀。东部沿海地区，因为经济发达且用电需求旺盛，导致火力发电产能集中，从而形成了较高的NO_x排放密度，使得氮氧化物污染在这些区域尤为突出。而在西部一些偏远省份，由于火力发电厂分布稀疏，则氮氧化物污染情况相对较低。这种不均衡的排放格局加剧了局部地区的环境压力，对当地居民的健康和生态安全构成了直接威胁。

这种不均衡现象不仅体现在地理位置上，还存在于不同规模的发电企业之间。小型地方热电联产企业往往由于技术和资金限制，减排措施不足，造成局部区域环境污染严重。而大型国有企业或外资公司通常配备了更先进的脱硝系统，氮氧化物污染控制情况相对较好。尽管如此，整体上的差异使得环境保护仍面临严峻挑战。

2. 氮氧化物排放的强度

氮氧化物排放强度通常表示为单位GDP所产生的氮氧化物（NO_x）量的大小。研究表明，火电厂的氮氧化物排放强度普遍较高。火力发电厂氮氧化物排放强度高及其对大气环境造成的严重污染问题亟待解决。因此，我们需要采取更加有效的措施来减少氮氧化物的排放，加强区域联防联控，优化能源结构，以实现可持续发展和环境保护的双重目标。

3. 氮氧化物排放的危害

氮氧化物的排放会引发一系列环境问题。其中，最为显著的是酸雨的形成。氮氧化物与空气中的水蒸气发生化学反应，生成硝酸等酸性物质，进而形成酸雨。酸雨对生态环境和建筑物造成了严重破坏，不仅影响了生态系统的平衡，还加剧了建筑物的腐蚀和老化。

氮氧化物在阳光下与碳氢化合物发生光化学反应，形成光化学烟雾。这种烟雾不仅降低了大气的能见度，影响了人们的正常生活和交通出行，还对人体的呼吸系统产生刺激和损害，威胁着人们的健康；还会促进温室气体效应，进一步加速全球气候变暖的速度。对于自然生态系统而言，过量的 NO_x 可以通过干沉降和湿沉降两种方式进入水体，提高其中的氮含量，引发富营养化现象，破坏水质平衡，给湖泊及海洋带来灾难性后果。此外，土壤质量也会因此受到负面影响，长期以往可能降低农作物产量和生态多样性。

更为严峻的是，随着火力发电规模的持续扩大，烟气排放量也呈现出不断增长的趋势。这种增长不仅加剧了环境压力，还使得能源回收和污染控制的难度进一步加大。如何在保证发电效率的有效控制烟气排放，实现能源与环境的双赢，成为电力行业重点研究的问题。

三、火力发电厂氮氧化物排放的法律法规和政策激励

随着环境污染问题的日益严峻，控制火力发电厂烟气排放成为国家可持续发展的重要部署。为此，国家和地方政府对火力发电厂的烟气排放标准进行了严格的制定和修订，以确保发电过程中的污染物排放控制在可接受的范围内。这些排放标准基于环境保护与生态平衡的需求，通过科学评估和技术研究，设定了针对多种污染物排放的限值，有效地促进了火力发电行业的环保转型。为确保火力发电厂遵守这些严格的排放标准，政府加强了监管机制的建设和完善。各级环保部门通过加强对火力发电厂的日常监管和突击检查，建立了详尽的烟气排放监测体系，通过先进的监测设备和技术手段，实时监控火力发电厂的烟气排放情况。要求企业定期报告烟气排放数据，以便政府及时了解企业遵守法规的情况，并对违法行为进行严肃处理。

为了应对日益严峻的环境问题，中国政府对火电行业的脱硝技术提出了更为严格的环保要求。国家环境保护部于 2011 年 7 月发布了 GB 13223—2011《火电厂大气污染物排放标准》，要求燃煤电厂氮氧化物排放在 $100mg/Nm^3$ 以内。地方政府根据实际情况对本地区火力发电厂的烟气排放标准进行了更加严格的规定。表 1-1 给出了山西省燃煤发电锅炉大气污染物排放浓度限值。

这一规范主要针对火电厂选择性催化还原法烟气脱硝工程的设计、施工、验收、运行和维护等技术要求进行了详细的规定。

表 1-1 　　　　　　　　山西省燃煤发电锅炉大气污染物排放浓度限值　　　　　　单位：mg/m³

序号	污染物项目	限值	污染物排放监测位置
1	烟尘	5	烟囱或烟道
		10①	
2	二氧化硫	35	
3	氮氧化物	50	
		100②	

① 低热值煤电厂燃煤发电锅炉执行该限值。
② 采用 W 型火焰炉膛的燃煤发电锅炉执行该限值。

　　火电厂大气污染物排放标准区分了现有和新建火力发电锅炉及燃气轮机组，并分别规定了排放控制要求，如表 1-2 所示。

表 1-2 　　　　　　　　　　"十二五"各地区氮氧化物排放总量控制计划　　　　　　单位：万 t

地区	2010 年排放量	2015 年控制量	2015 年比2010 年	地区	2010 年排放量	2015 年控制量	2015 年比2010 年
北京	19.8	17.4	−12.3	山东	174.0	146.0	−16.1
天津	34.0	28.8	−15.2	河南	159.0	135.6	−14.7
河北	171.3	147.5	−13.9	湖北	63.1	58.6	−7.2
山西	124.1	106.9	−13.9	湖南	60.4	55.0	−9.0
内蒙古	131.4	123.8	−5.8	广东	132.3	109.9	−16.9
辽宁	102.0	88.0	−13.7	广西	45.1	41.1	−8.8
吉林	58.2	54.2	−6.9	海南	8.0	9.8	22.3
江苏	147.2	121.4	−17.5	贵州	49.3	44.5	−9.8
浙江	85.3	69.9	−18.0	云南	52.0	49.0	−5.8
安徽	90.9	82.0	−9.8	西藏	3.8	3.8	0
福建	44.8	40.9	−8.6	陕西	76.6	69.0	−9.9
宁夏	41.8	39.8	−4.9	甘肃	42.0	40.7	−3.1
新疆生产建设兵团	8.8	8.8	0	新疆	58.8	58.8	0

注：全国氮氧化物排放量削减 10% 的总量控制目标为 2046.2 万 t，实际分配给各地区 2021.6 万 t，国家预留 24.6 万 t，用于氮氧化物排污权有偿分配和交易试点工作。

　　为鼓励火力发电厂积极采用先进的烟气治理技术，政府还出台了一系列政策激励措施。这些措施包括税收减免、资金补贴和优惠贷款等，旨在降低企业采用新技术的成本，提高其治理污染的积极性。通过这些政策的引导，越来越多的火力发电厂开始引入先进的烟气治理技术，有效减少了污染物排放，提高了能源利用效率。

　　政府还积极推动公众参与和监督火力发电厂的烟气排放治理工作。通过加强环保宣传和教育，提高公众的环保意识和参与度，让更多人了解火力发电厂烟气排放对环境和健康的影响。建立公众举报机制，鼓励群众积极举报违法排放行为，形成全社会共同参与的环保氛围。随着环保法规的日益严格，脱硝技术的不断革新，未来我们将不断研发新的技术和解决方案。

1.2　烟气脱硝技术的种类

火力发电厂脱硝技术主要分为炉内脱硝和烟气脱硝两大类。炉内脱硝主要是利用低氮燃烧技术，这是一种燃烧中 NO_x 控制技术，通过优化燃烧过程，降低燃煤锅炉的 NO_x 生成量。常见的低氮燃烧技术包括空气分级燃烧、燃料分级燃烧、烟气再循环等。烟气脱硝则是对已经生成的 NO_x 进行处理。以下主要是对烟气脱硝技术进行介绍。

火力发电厂烟气脱硝技术主要分为选择性催化还原（SCR）脱硝技术和选择性非催化还原（SNCR）脱硝技术。SCR 脱硝技术是目前火电厂烟气脱硝的主流技术，它通过在催化剂作用下，使用氨或其他还原剂将 NO_x 还原为氮气和水蒸气，脱硝效率可达80%～90%。SNCR 脱硝技术则在锅炉炉膛内烟气适宜处喷入氨或尿素等还原剂，脱硝效率为30%～80%。此外，还有一种结合 SCR 和 SNCR 优点的 SNCR/SCR 联合烟气脱硝技术，适合含灰量高、脱硝效率要求较高的场合。图 1-1 给出了某电厂的烟气脱硝设备外观图。

图 1-1　某电厂烟气脱硝设备

一、选择性催化还原法（SCR）

SCR 脱硝技术，这是一种炉后脱硝方法，作为一种高效的烟气脱硝技术，已在工业界获得广泛认可。其核心原理在于，利用特定催化剂的作用，将烟气中的氮氧化物（NO_x）与引入的还原剂（如氨气、尿素等）进行化学反应，生成无害的氮气和水，并且不被 O_2 氧化。这种转化过程既符合环保要求，又有效降低了烟气对大气环境的污染。SCR 脱硝技术是目前最成熟的烟气脱硝技术，脱硝效率高、适应性强，对煤种和锅炉负荷变化不敏感。

在大型火力发电厂等排放规模庞大的场所，SCR 脱硝技术因其卓越的脱硝效率而备受青睐。通过精准控制还原剂的投加量及催化剂的活性，该技术能够显著减少烟气中 NO_x 的排放，从而满足日益严格的环保法规要求。

从技术特点来看，SCR 脱硝技术具有脱硝效率高、操作稳定性好等显著优势。在实际应用中，该技术通常能达到较高的 NO_x 去除率，有效保障了排放达标。SCR 脱硝系统的运行稳定性也为其在大型工业应用中赢得了良好口碑。催化剂作为 SCR 脱硝技术的核心部件，其成本较高且需要定期更换，这在一定程度上增加了该技术的运行成本。为了确保 SCR 脱硝技术的长期稳定运行，还需要对催化剂的活性进行实时监测和调优，以及对系统进行定期的维护保养。这要求操作人员具备较高的专业素养和技能水平，以便能够及时发现并解决潜在问题。

SCR 脱硝技术作为一种高效的烟气脱硝技术，在大型火电厂等排放规模大的场所具有广阔的应用前景。尽管其催化剂成本较高且需定期更换，但通过优化操作和加强维护保养，仍可实现长期稳定运行并达到环保要求。

二、选择性非催化还原法（SNCR）

SNCR 脱硝技术也是一种高效的烟气脱硝技术，其核心在于将适量的还原剂（如尿素、氨水等）直接喷入高温烟气之中。这一过程中无需催化剂作用，而是充分利用了烟气自身的高温条件，促使还原剂与烟气中的 NO_x 发生化学反应，从而将其转化为无害的氮气和水蒸气。SNCR 脱硝技术具有投资低、操作简便的优点，所以 SNCR 脱硝技术的运用范围十分广泛，尤其适用于中小型火电厂及钢铁厂等特殊场所。这些场所的烟气排放量适中，采用 SNCR 脱硝技术可实现经济高效的脱硝处理。

在技术特点方面，由于 SNCR 脱硝技术无需依赖催化剂，从而避免了催化剂成本、储存及再生等一系列问题。相较于 SCR 脱硝技术，SNCR 脱硝技术的设备投资和运行成本更低，使得更多中小型企业得以承受并实现烟气脱硝。当然，SNCR 脱硝技术的脱硝效率相比 SCR 脱硝技术略低，但在满足环保排放标准的前提下，其经济性和实用性在多数情况下更为优越。

在实际应用中，SNCR 脱硝技术展现出了良好的适应性。无论是火力发电还是钢铁冶炼过程中产生的烟气，SNCR 脱硝技术都能够有效地脱除其中的 NO_x，从而显著减少对大气环境的污染。该技术操作简单、易于维护，能够在确保烟气治理效果的同时降低企业的运营成本和人力投入。

SNCR 脱硝技术以其独特的优势和广泛的应用前景，在烟气脱硝领域发挥着重要作用。随着环保标准的日益严格和烟气治理技术的不断进步，SNCR 脱硝技术将继续发挥其在中小型企业和场所烟气脱硝方面的重要作用，为实现绿色发展和可持续发展贡献力量。

三、SCR 脱硝技术与 SNCR 脱硝技术在应用中的区别

SCR（选择性催化还原）和 SNCR（选择性非催化还原）脱硝技术是两种广泛应用于火力发电厂烟气脱硝的技术。虽然两者目标都是为减少氮氧化物（NO_x）排放，但它们的工作原理、效率、成本和应用场景有所不同。

从工作原理上分析，SCR 脱硝技术利用催化剂在 200～450℃的温度范围内，促进还原剂（如氨气）与 NO_x 发生反应，生成氮气和水蒸气，从而减少 NO_x 排放。相比之下，SNCR 脱硝技术在无催化剂的情况下，在 850～1100℃的温度范围内，直接喷射还原剂（如氨水或尿素），使 NO_x 还原为氮气和水蒸气。

从脱硝效率和应用场合分析，SCR 脱硝技术在催化剂和维护方面的成本较高，但脱硝效率高，适用于对脱硝效率要求较高的场合，如火电厂、发电站、石化行业、钢铁、玻璃、冶金等行业。SNCR 脱硝技术无需催化剂，初期投资和运行成本相对较低，对现有设施的改造相对简单，因此在一些对脱硝效率要求不高的场地会得到广泛运用，如一些小型燃烧设备、燃气锅炉、窑炉等。SCR 和 SNCR 脱硝技术各有优势和局限性。选择合适的脱硝技术需要根据具体的工业应用、环保要求和经济效益等方面进行综合考虑。

四、SNCR/SCR 联合烟气脱硝技术

SNCR/SCR 联合烟气脱硝技术兼顾了两种脱硝方式的优点，相比单独使用 SCR 或 SNCR 脱硝技术，具有以下优势。

（1）更高的脱硝效率。SNCR/SCR 联合脱硝技术结合了 SCR 脱硝技术的高脱硝率和 SNCR 脱硝技术的低投资优势，能够达到更高的脱硝效率，尤其适用于中小锅炉脱硝空间不足或原烟气氮氧化物浓度变化较大的场合。

（2）节省投资运行成本。由于 SNCR 脱硝技术不需要使用催化剂，因此在运行成本上更为节省。同时，SNCR/SCR 联合脱硝技术可以减少装置占压空间，进一步降低投资。

（3）灵活的应用场景。SNCR/SCR 联合脱硝技术可以根据不同项目的实际情况选择使用单一的 SCR 或 SNCR 脱硝工艺，也可以采用联合脱硝工艺技术，提供了更多的选择和灵活性。

（4）提高氨的利用率。通过优化流场设计提高脱硝整体性能，科学合理地配置氨喷枪数量和安装位置，同时采用在线氨水稀释控制系统，调节不同喷枪氨的喷射量和喷射浓度，保障在保证脱硝效率的同时提高氨的利用率，降低氨逃逸浓度。

（5）降低腐蚀危害。SNCR/SCR 联合脱硝技术通过优化流场设计，减少了烟气中的 SO_2/SO_3 转化率，降低了系统压力降，从而减少了引风机改造的工作量，降低了运行费用，同时也降低了腐蚀危害。

综上所述，SNCR/SCR 联合烟气脱硝技术在脱硝效率、投资运行成本、应用场景、氨的利用率和降低腐蚀危害等方面相比单独使用 SCR 或 SNCR 脱硝技术具有明显的优势。

五、其他新型脱硝技术

在当前环境保护日益受到重视的大背景下，氮氧化物排放控制技术的研发与应用显得尤为重要。除了广泛应用的 SCR（选择性催化还原）和 SNCR（选择性非催化还原）脱硝技术外，一系列新型脱硝技术正在被积极研究和试验中，以期在脱硝效率和环保性方面取得更显著的突破。

（1）新型低温脱硝技术。低温脱硝技术是一种在低温条件下进行的脱硝技术，温度要求在 40~200℃之间。利用化学反应在低温条件下将烟气中的氮氧化物进行还原，生成无害的氮气和水蒸气，可以有效地降低锅炉产生的氮氧化物排放浓度，满足国家和地方的环保排放标准。相较于传统的高温脱硝技术，低温脱硝技术具有更高的反应速率和更低的能耗。同时，低温脱硝技术的运行费用较低、占地面积小、设备改造少，解决了许多中小企业的废气问题。

（2）生物脱硝技术。生物脱硝技术作为其中的佼佼者，以其出色的环保性能受到广

泛关注。这种技术通过利用特定微生物的代谢作用，将氮氧化物转化为无害的氮气，从而实现对氮氧化物的有效去除。相较于传统的物理化学方法，生物脱硝技术具有低能耗、无二次污染等优点，因此在环保领域展现出巨大的应用潜力。

（3）PNCR 高分子脱硝技术。PNCR 高分子脱硝是一种新型的脱硝技术，通过将高分子物质引入锅炉烟气中，使得氮氧化物（NO_x）发生化学反应，将 NO_x 转化为氮气和水。PNCR 高分子在这个过程中充当催化剂，加速反应速率的发生，该技术具有催化活性高、抗盐雾腐蚀性强、稳定性好等特点，能够有效地减少尾气中的 NO_x 排放量。在使用 PNCR 高分子脱硝技术的过程中，需要注意设备和工艺方面的支持，并加强对催化剂的维护和管理。图 1-2 给出了 PNCR 脱硝设备示意图。

图 1-2　PNCR 高分子脱硝设备

（4）无氨脱硫脱硝一体化技术。这是一种新型无氨脱硫脱硝一体化工艺技术，采用催化还原一体化无氨工作模式，过程绿色环保，解决了氨逃逸和液氨储存的安全问题，可以在低温时稳定运行，实现超低排放。

（5）离子体脱硝技术。另一项值得关注的新型脱硝技术是等离子体脱硝技术，该技术利用高能等离子体对氮氧化物进行分解和转化，实现高效脱硝。等离子体脱硝技术具有脱硝效率高、适用范围广等优势，尤其是在处理低浓度、大流量的氮氧化物排放方面表现出色。目前，等离子体脱硝技术仍面临着能耗较高、设备成本较大等挑战，需要进一步加大研发力度，提高技术的经济性和实用性。

这些新型脱硝技术各有优缺点，具体应用时要根据实际情况进行选择。由于环保政策的不断收紧和技术研究的不断深入，这些新型脱硝技术也会逐步走向成熟和完善。将来会有更多高效、环保、经济的脱硝技术应用于工业生产中，为环保事业作出更大的贡献。我们也需要继续关注和研究这些技术的性能和优势，不断完善和优化技术方案，以满足日益严格的环保要求。

1.3　烟气脱硝技术的国内现状

随着经济的日益发展，我国电力需求不断增长。目前，我国发电总装机容量已经突破 10 亿 kW，虽然新能源发电占比在持续增加，但在一段时期内，我国电力结构仍然以火力发电为主导地位。根据《中国火电厂氮氧化物排放控制技术方案研究报告》统计，2009 年火电厂排放的 NO_x 总量已增至 860 万 t，比 2003 年的 597.3 万 t 增加了 43.9%，占全国 NO_x 排放量的 35%～40%。但是 NO_x 排放量的增加速率明显小于装机容量、发电量和煤耗量的增长速度。其主要原因是大容量高效机组增速较大，单位发电煤耗有所降低。其次，新增的这些机组大多采用了低氮燃烧技术，使单位发电量的氮氧化物排放水平呈下降趋势。另外，关停中小火电机组、在役机组的低氮燃烧技术改造和新增机组部分烟气脱硝装置的建成并投入运行，对降低氮氧化物排放水平也起到了一定作用，并为进一步控制火电行业氮氧化物的排放提供了良好基础。

由于工业化进程加快以及环保标准日益严格，我国的火电企业污染物治理能力依然显得不足。2022 年我国火电厂全年发电量为 18073 亿 kWh，按照当前这个排放控制水平，电厂每生产 1MWh 的电力，约产生 62kg SO_x 和 2.1kg NO_x，2022 年火电厂 NO_x 排放量将达到 1100 万 t 以上。

火电厂燃煤量占全国煤炭消耗总量 60%左右，燃煤产生的 NO_x 也将随着火电厂 NO_x 排放量逐年增加，所引起的大气和环境污染问题也日益突出，由此引起一系列的环境和社会问题，如果不加以控制，将会严重影响国家经济和社会的可持续发展。

2003 年 2 月，国家环保局、国家发展计划委员会、国家经济贸易委员会联合颁布了《排污费征收标准管理办法》。该办法规定，从 2022 年 7 月 1 日起按每一当量 0.6 元的规定，征收火电厂 NO_x 排放费。2022 年，新的排放标准出台——《火电厂大气污染排放物标准》。其重新规定了火电厂氮氧化物最高排放浓度的限值，并同时规定了第三时段后新建电厂必须预留烟气脱硝装置空间。烟气脱硝将成为今后我国电力环保行业发展的重点。因此加强 NO_x 污染治理、研究并开发适合我国国情的烟气脱氮技术对解决我国的 NO_x 污染问题具有重要意义。

当前，我国的污染物治理技术手段还不能满足新的排放标准要求。因此，在今后一段时间内，我国对电厂锅炉烟气高效脱硝技术和设备的需求将是巨大的。尽快研究完善符合中国国情的火电厂烟气脱硝成套技术与设备迫在眉睫。目前，国内诸多烟气脱硝控制技术中，选择性催化还原（SCR）因其高效的脱硝效果而得到广泛应用。然而，在这一领域内，我国仍面临以下亟待解决的技术短板和制约因素。

一、催化剂与还原剂的供需矛盾

我国火电厂烟气脱硝技术所面临的挑战，重点在于催化剂和还原剂的需求量与其生产能力之间的不平衡现象。首先，催化剂作为 SCR 系统的核心组件，其生产和供应能力直接关系到整个脱硝过程的有效性。近年来，尽管我国已具备相当规模的催化剂生产线，但面对庞大的市场需求依旧显得捉襟见肘，特别是在老旧发电机组的改造项目中，对于新型高效催化剂的需求更是迫切。此外，催化剂长期使用后易发生活性下降的现象，这无疑增加了脱硝成本并对减排效益产生负面影响。其次，关于还原剂的供给也呈现出紧张态势。尿素作为一种常用的非氨基还原剂，在实际工程应用中的消耗量巨大。由于产能不足，不少地区不得不依赖进口来满足需求，因此提高本地还原剂生产能力和构建合理的储备体系已成为当务之急。

二、烟气脱硝过程中温度低影响脱硝效率

在火电厂烟气脱硝过程中，温度的选择至关重要。研究发现，当烟气温度过低时，会减缓化学反应的速度，因为低温环境抑制了催化剂的活性。另外，较低的温度还可能导致水分凝结，覆盖在催化剂表面，进一步阻碍了气体分子与催化剂接触的机会。但在实际操作时，很多火电厂为了节能降耗往往倾向于在更低温度下运行脱硝装置，而这不可避免地导致脱硝效率下降。考虑到冬季供暖期燃煤负荷增加等因素，如何确保低温下的高效率脱硝是一个具有重要意义的研究课题。

为了应对脱硝效率因温度下降而导致的问题，业界提出了一系列措施。首先是对现有设备进行改造或者添加预热装置以提升烟气温度至最适宜区间；其次是优化工艺流程，比如合理安排生产工艺使得高温段能够充分用于脱硝处理；最后还可以考虑更换高效能催化剂来增强其在较低温下的反应性能。

那么如何确定最佳的反应温度呢？理论上，SCR反应最佳温度区间为320~400℃。一般在这个温度区间内催化剂会表现出最好的活性，但具体数值还需要依据所使用的特定催化剂和现场的实际情况来进行精确调整。例如，国内一家大型火电厂，在冬季供暖期开始后，由于锅炉负荷变化造成排烟温度低于正常水平，致使脱硝系统效率显著下滑。后来该电厂采取了加装烟道加热器的办法将烟气温度维持在325℃左右，结果有效提升了脱硝效率，使其恢复到了设计标准以上。因此，烟气脱硝温度的调控对于保障脱销效率具有非常重要的意义。火电企业应当密切关注工况条件的变化，并根据实际情况及时做出调整措施。

三、其他需要解决的问题

（1）氨逃逸与二次污染的问题。虽然SCR脱硝技术在脱硝方面表现出色，但过量使用氨或催化剂性能下降都可能导致氨逃逸现象的发生，即未反应的氨随烟气一起排入大气中。这不仅造成了资源浪费，还会形成新的环境污染——硫酸铵颗粒物，对人类健康和环境产生负面影响。

（2）运营成本高昂的问题。采用SCR脱硝技术进行大规模烟气脱硝会带来显著的经济负担。首先，所需大量氨水或者液氨的购买和运输费用不菲；其次，为了维持高效的脱硝效果，必须定期更换催化剂，这部分成本同样不容忽视；对于老旧设备而言，升级换代意味着巨大的初期投资。

（3）技术创新需求迫切的问题。传统的脱硝技术难以同时实现高效净化和低成本运行的目标。因此，开发新型、高效的烟气脱硝工艺势在必行。研究重点应该放在如何减少氨逃逸、降低能耗和运营成本等方面，推动脱硝技术向更加绿色化和智能化的方向发展。

（4）法规遵从与社会压力的问题。随着公众环保意识的提升，政府加强了相关法律法规的制定和执行力度。这意味着火电企业不仅要承担更高的财务成本，还要面对来自监管机构和社会舆论的压力，合规已成为各企业在考虑脱硝方案时不得不重视的问题。

综上所述，尽管我国已经在火电厂烟气脱硝领域取得了长足的进步，但仍面临着诸多挑战。要从根本上解决问题，既需要政策层面的支持引导，也需要企业的积极参与和

技术革新。未来应着眼于研发更有效、更具性价比的技术手段，减轻环保投入对企业经营的压力，并确保行业的可持续发展。总之，推进火电厂烟气脱硝工作的过程中，既要充分考虑到经济效益也要注重社会责任感，只有这样才能够真正达成经济发展与生态保护并重的战略目标。

1.4　烟气脱硝技术的发展趋势

随着全球对环境保护意识的提升以及日益严格的排放标准实施，烟气脱硝技术作为减少大气污染的关键手段之一正面临前所未有的发展机遇与挑战。传统的烟气脱硝方法虽然取得了一定成效，但在应对更加严峻的大气污染防治任务时显得力不从心。因此，探索更高效、智能，并且节能减耗的新一代脱硝技术和策略成为当务之急。

近年来，随着科技的不断创新，烟气脱硝技术也迎来了新的发展机遇。例如生物脱硝技术、高分子脱硝技术、低温脱硝技术等新型技术的出现，进一步提高了脱硝效率，降低了运行成本。这些技术不仅具备高效、稳定的特点，还能在复杂多变的工业环境中稳定运行，为烟气脱硝技术的广泛应用提供了有力支撑。

全球环保意识的不断提高和环保政策的日益严格，烟气脱硝技术正在迎来更加广阔的发展空间。越来越多的企业和研究机构开始投入更多的资源和精力，致力于开发更高效、更环保的烟气脱硝技术。这些技术的不断进步和创新，为烟气脱硝技术的广泛应用提供了更为坚实的基础。烟气脱硝技术也在不断推动相关产业链的发展。从技术研发、设备制造到运行维护，烟气脱硝技术的每一个环节都需要专业的人才和技术的支持，这也为相关产业的发展提供了更多的机遇和挑战。

一、烟气脱硝技术创新方向探讨

（1）多种污染物协同脱除的技术。随着环境保护要求的日益严格，单一污染物的治理已难以满足当前的需求。我们积极探索将烟气中的多种污染物协同脱除的技术。这种技术旨在通过一次处理过程，同时去除烟气中的 NO_x、SO_x、颗粒物等多种污染物，实现多重污染物的同步治理。这一研究不仅有助于提高污染物治理的效率，还能够降低治理成本，促进工业生产的绿色化。

（2）研究新型吸附材料。新型吸附材料具有高吸附容量和优异的选择性，能够有效地去除烟气中的有害物质。新型吸附材料的使用还能够降低脱硝过程中的二次污染，提高脱硝技术的环保性能。

（3）研发新型高效催化剂。针对现有催化剂活性不足、稳定性差等关键问题，我们致力于研发新型高效催化剂。这些催化剂不仅显著提高脱硝效率，同时也注重降低能耗，以满足工业应用的实际需求。在催化剂的研发过程中，我们关注材料的选择与合成方法，力求实现催化剂在宽温度范围内的稳定运行，并减少催化剂失活的可能性。

（4）研究低温脱硝技术。相较于传统的高温脱硝技术，低温脱硝能够显著降低能耗，减少设备投资，从而提高整个工艺过程的经济性。为了实现这一目标，我们深入挖掘低温条件下的脱硝机理，优化反应路径，提高脱硝效率。

烟气脱硝系统运行优化控制与维护

目前，我们在协同脱除技术、新型吸附材料研究、高效催化剂研发，以及低温脱硝技术等方面已经取得了一些成果。这些研究不仅有助于提高脱硝效率、降低能耗，还有助于推动环保技术的进步，为工业生产的可持续发展贡献力量。

二、自动化和智能化在烟气脱硝技术中的应用

在现代烟气脱硝技术领域，实时监测与控制系统发挥着至关重要的作用。依托物联网技术的深入应用，我们能够实现对烟气脱硝过程的精准实时监测和智能控制。这一系统通过传感器网络实时收集关键数据，包括烟气成分、温度、压力等关键参数，并通过数据分析与算法处理，实现对脱硝过程的实时优化调整。这种动态控制的方式，极大地提高了脱硝效率，减少了不必要的能源消耗，进而降低了整个系统的运行成本。

数据挖掘与优化技术的运用进一步提升了烟气脱硝系统的性能。通过对历史数据的深度挖掘和分析，能够发现烟气脱硝过程中的运行规律，找出影响脱硝效率的关键因素。基于这些发现，可以对操作参数进行精细化调整，以优化脱硝过程，提升系统稳定性。这种数据驱动的优化方法，不仅提高了脱硝效率，也增强了系统的抗干扰能力。

预测性维护则是利用大数据和人工智能技术的又一创新应用。通过对设备运行数据的实时监控和大数据分析，能够预测设备可能出现的故障，并提前采取维护措施。这种预测性维护方式，有效降低了设备的故障率，延长了设备的使用寿命，减少了因设备故障导致的生产中断和额外维修成本。

通过物联网技术的实时监测与控制、数据挖掘与优化，以及预测性维护等技术的综合运用，我们能够实现对烟气脱硝过程的全面优化和提升。这不仅提高了脱硝效率，降低了运行成本，也为烟气治理领域的可持续发展提供了有力的技术支撑。

三、面临挑战及解决策略

目前，烟气脱硝技术面临技术成熟度不足的问题。我们必须正视其研发周期长、实际应用成熟度较低的挑战，为了有效应对这一挑战，建议加强产学研之间的紧密合作，充分利用各方资源和技术优势，推动技术创新和成果转化。这不仅能够加速技术成熟进程，还能为行业带来更为先进、实用的解决方案。

在经济性方面，烟气脱硝技术的成本问题同样不容忽视。为降低技术成本，提高经济性，需要在技术创新的基础上，注重成本控制。通过研发更高效、更节能的脱硝方法，以及优化生产工艺和设备，可以有效降低成本，使烟气脱硝技术更具市场竞争力。另外，还需密切关注环保政策动态和市场变化，环保政策的调整和市场的不断变革都将对烟气脱硝技术的发展方向产生影响，需要保持敏锐的洞察力，及时调整技术发展方向，确保新型技术能够顺应市场需求，满足环保要求。

提高社会认知度和接受度也是推动烟气脱硝技术广泛应用的关键。我们需要通过加强公众教育和科普宣传，让更多人了解烟气脱硝技术的重要性和优势。通过普及相关知识，可以提高公众对烟气脱硝技术的认知度和接受度，从而为技术的广泛应用奠定坚实的基础。

针对烟气脱硝技术所面临的问题和挑战，需要从多个方面入手，积极寻求解决方案：首先企业应当加强技术创新，通过改进生产工艺增强催化剂性能，加快建设新的还原剂

12

生产基地，强化学术界与工业界的交流协作，引进吸收国际先进技术和经验；其次政府层面需加大政策扶持力度，推动关键技术的研发投入加强产学研合作、推动技术创新和成果转化、降低成本、关注政策变化，以及提高社会认知度和接受度。

总之，目前我国火电厂烟气脱硝工作正处于关键的发展阶段。要实现既定的环保目标，必须正视存在的问题并通过不懈努力加以克服。只有这样，我们才能推动烟气脱硝技术不断向前发展，真正推进火电行业的绿色转型并与时俱进，为环境保护和可持续发展做出更大的贡献。

四、烟气脱硝技术未来展望

自 20 世纪 70 年代起，烟气脱硝技术便逐渐引起了工业界的广泛关注。伴随环保意识的提高和污染物排放的限制，该技术经历了半个世纪的深入研究和持续发展，不仅积累了丰富的理论知识，更在实际应用中取得了显著成效。

近年来，随着技术的不断进步和环保要求的不断提高，烟气脱硝技术正朝着更高效、低成本的方向发展。今后的研究方向可以聚焦于开发新型催化剂和更加智能自动化的控制系统，以实现更高效稳定的脱硝过程。如今，人工智能、物联网等先进技术已被逐步引入到环保领域中，为脱硝技术的自动化、智能化提供了有力支持。

未来脱硝技术的发展将会是自动化与智能化齐头并进，并将不断发展和完善，开启脱硝技术新纪元。各种新型多功能复合技术层出不穷。新型纳米尺度或者多孔性催化剂的研究将进一步推动低温下 NO_x 转化的有效性；采用金属有机骨架材料构建高效的吸附剂也将显示出巨大潜力，这些新材料不仅有助于降低成本还会减少环境二次污染；可持续能源驱动的非热脱硝途径（如利用太阳能光化学催化分解 NO_x 或是电化学方式如固体氧化物燃料电池脱硝）正在被积极探索，这些技术能在相对温和条件下进行无氨参与下的氮氧化合物还原，降低了传统热解脱销对于高温的需求及其带来的能耗问题。

智能监测与调控系统通过部署传感器网络来实现对烟气成分的连续监测，在线分析仪则提供即时反馈数据以供 AI 算法处理。结合机器学习模型预测控制策略，可以精准地调整催化剂使用量或反应条件，从而优化脱硝效果，有效避免过度处理导致的能量浪费。

过程优化与自我修复机制借助先进的过程控制系统和智能优化等技术创新，未来的烟气脱硝工艺将有能力实现实时动态优化，进一步提高运行效率且最大限度减少副产品形成的风险。此外，集成自我诊断和自我修复功能的技术体系结构有望大幅提升设备可靠性和使用寿命，减少因故障引起的停机时间。

综上所述，当前烟气脱硝领域的关键在于促进现有技术向更高层次的自动化、智能化过渡，并借由技术创新开发出新一代低能耗、高效率的解决方案。面对诸多挑战，我们不但要依靠科技进步更要着眼于可持续发展战略，只有这样才能在保护生态平衡这场持久战中不断取胜。我们相信，烟气脱硝技术将在未来继续发挥其重要作用，为构建美丽中国作出更大贡献。

SCR 脱硝原理与工艺

2.1　SCR 脱硝的基本化学原理

选择性催化还原脱硝技术,有时也被称为氨催化还原法脱硝,是一种燃烧后降低 NO_x 生成的技术。选择性是指在催化剂的作用和在氧气存在条件下,NH_3 优先和 NO_x 发生还原脱除反应,而不和烟气中的氧进行氧化反应。SCR 脱硝系统反应器工作在烟气温度为 $300\sim400℃$ 的反应环境下,把 NH_3 作为反应的还原剂,通过催化剂 V_2O_5/TiO_2 降低反应的活化能,使得可以在烟气温度下进行选择性催化还原反应。图 2-1 给出了 SCR 脱硝过程的示意图。

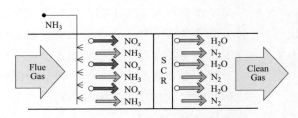

图 2-1　SCR 脱硝过程

脱硝过程的主要化学方程式为

$$4NH_3 + 4NO + O_2 \longrightarrow 4N_2 + 6H_2O \tag{2-1}$$

$$4NH_3 + 6NO \longrightarrow 5N_2 + 6H_2O \tag{2-2}$$

$$4NH_3 + 2NO_2 + O_2 \longrightarrow 3N_2 + 6H_2O \tag{2-3}$$

$$8NH_3 + 6NO_2 \longrightarrow 7N_2 + 12H_2O \tag{2-4}$$

烟气中 NO_x 主要以 NO 的形式存在,约占总量的 95%以上,其余部分主要以 NO_2 的形式存在,因此主要反应是在式(2-1)与式(2-2)中。燃煤机组为了保证燃烧效率,避免燃烧不充分和风量过大带走热量,通常都需要将烟气含氧量保持在 3%左右。当烟气中 O_2 的浓度大于 1%时,反应式(2-2)就会很少发生,所以通常只需要考虑反应式(2-1)。

由于燃煤机组的 SCR 脱硝系统通常为高灰布置,即 SCR 反应器布置在省煤器和空气预热器之间,所以烟气中会含有大量的 SO_2。在催化剂作用下,部分 SO_2 会与 O_2 发生反应产生 SO_3,当过量喷入 NH_3 时,随着烟气温度的降低,未经还原反应而逃逸的 NH_3 会与 SO_3 发生反应,产生硫酸铵 $[(NH_4)_2SO_4]$ 和硫酸氢铵(NH_4HSO_4)。这些反应产物与烟气中的灰尘组成一种黏稠的混合物，会堵塞 SCR 脱硝反应器中的烟气孔道；硫酸氢铵是一种具有腐蚀性的物质，会危害烟道下游设备的运行，缩短其使用寿命，因而减小氨逃逸抑制硫酸氢氨的生成，是 SCR 脱硝系统控制中的一个关键问题。

$$SO_2 + \frac{1}{2}O_2 \longrightarrow SO_3 \tag{2-5}$$

$$NH_3 + SO_3 + H_2O \longrightarrow NH_4HSO_4 \tag{2-6}$$

$$2NH_3 + SO_3 + H_2O \longrightarrow (NH_4)_2SO_4 \tag{2-7}$$

从微观过程来讲，SCR 脱硝系统就是气态的 NH_3 吸附在催化剂表面 V^{5+}-O-H 的酸位，随后被 V^{5+}-O 活化，同时气相中的 NO 分子与其反应，并消耗催化剂表面活性氧而生成 N_2 和 H_2O，而生成的 V^{4+} 被氧化为 V^{5+}，气相中的氧通过催化剂内部传递而更新表面氧，从而完成整个催化过程。反应机理示意图如图 2-2 所示。

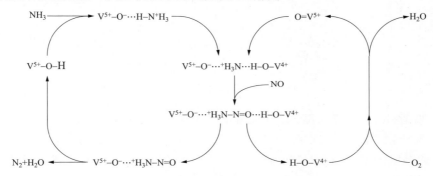

图 2-2 SCR 反应机理示意图

从整个反应过程来看，气态的 NH_3 吸附率、活化速度与 NO 的反应速度及 V^{4+} 的氧化速度是影响脱硝反应速度的关键。因此，可以把 SCR 脱硝过程看成 NH_3 在催化剂表面的吸附和解吸附过程，以及 NH_3 与 NO_x 的反应过程。

2.2 SCR 脱硝系统的典型工艺流程

SCR 脱硝系统的典型工艺流程包括液氨的供应与储存、氨气制备、氨气与空气的混合系统、氨气喷入系统、SCR 反应器系统、催化剂层还原反应、后续处理单元、排放监测与控制，以及系统检测与维护等多个环节。液氨从液氨槽车由卸料压缩机送入液氨储罐，再经过蒸发器蒸发为氨气后通过氨缓冲罐和输送管道进入锅炉区，通过与空气均匀混合后由喷氨格栅进入 SCR 反应器内部反应，SCR 反应器设置于空气预热器前，氨气在 SCR 反应器的上方，通过一种特殊的喷雾装置和烟气均匀分布混合，混合后烟气通过反应器内催化剂层进行还原反应，SCR 脱硝系统的典型工艺流程如图 2-3 所示。

一、液氨供应与储存

SCR 脱硝系统的正常运行离不开稳定、连续的还原剂（氨气）供应。常用的还原剂为氨水或液氨。这些还原剂通过专用储罐进行储存，并配备有自动化控制系统，确保还原剂的安全、稳定供应。

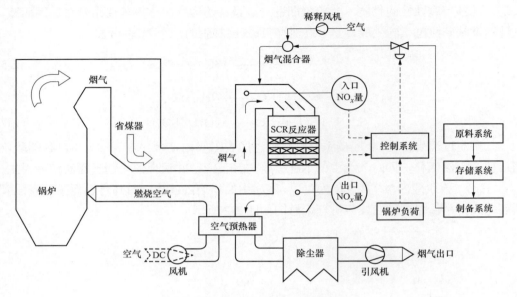

图 2-3　SCR 脱硝典型工艺流程

SCR 脱硝系统包括氨压缩机、液氨储罐、液氨蒸发器、气氨罐废水箱、废水泵、废水坑等。此套系统提供氨气供脱硝反应使用。液氨的供应由液氨槽车运送，利用液氨卸料压缩机将液氨由槽车输入液氨储罐内，储槽输出的液氨在液氨蒸发器内蒸发为气氨，经气氨罐送达脱硝系统。

系统紧急排放的气氨则排放至废水箱中，经水的吸收排入废水坑，再经由废水泵送至废水处理厂处理。

当夏季温度达到 40℃以上，氨储罐上冷却水系统，冷却喷淋水经地面坡度进地沟，由地沟进废水坑。冷却水集中至地坑时，可开启废水泵，通过 DN15 管道进喷淋管补充部分喷淋水，即时通往污水处理阀手动关闭，通往往喷淋管阀手动开启，旁路阀手动开启。

消防监控系统与自动喷淋系统联锁，喷淋水同样进废水坑。

图 2-4 和图 2-5 给出了液氨储存区和液氨储存罐的外观示意图。

图 2-4　液氨储存区

图 2-5　液氨储存罐

二、氨气制备与混合

从储罐中出的还原剂（如液氨）在氨气制备单元（液氨蒸发器、缓冲罐）进行汽化、加热和过滤等处理，转化为符合系统要求的氨气。随后，氨气与稀释空气在混合器中充分混合，形成均匀的氨—空气混合物，为后续反应提供合适的氨氮比。图 2-6 和图 2-7 分别为液氨蒸发器和氨缓冲槽的示意图。

图 2-6 液氨蒸发器

图 2-7 氨缓冲槽

三、喷氨系统

喷氨系统的主要作用是将制备好的氨—空气混合物均匀、精准地喷入 SCR 反应器上游的烟气中。这一过程需要根据烟气的流量、温度和 NO_x 浓度等参数进行精确控制，以保证脱硝效果和氨逃逸量达到最佳状态。

目前，国内现役机组主要采用基于喷氨格栅分区控制的方法，即在典型负荷和煤质工况下在喷氨格栅出口断面上测试烟气流速、NO_x 质量浓度分布规律的基础上，将格栅出口断面分成若干个区域，使得每个区域内的烟气速度与 NO_x 质量浓度分布比较均匀，然后在锅炉负荷和煤质变化时单独调整每个格栅区域的喷氨量，以实现喷氨量与 NO_x 质量浓度的最佳匹配。图 2-8 为与喷氨格栅相连接的喷氨支管布置示意图。

图 2-8 喷氨支管布置

四、SCR 反应器

SCR 反应器是 SCR 脱硝系统的核心部分，其内部装填有催化剂层。烟气与氨-空气混合物在反应器内经过催化剂的作用，发生选择性催化还原反应，将NO_x转化为氮气和水蒸气。反应器的设计应充分考虑烟气的流动特性、催化剂的活性分布和反应温度等因素，以优化脱硝效果。图 2-9 给出了 SCR 反应器区域示意图。

图 2-9　SCR 反应器区域

SCR 反应器采用固定床形式，催化剂为模块放置。反应器内的催化剂层数取决于所需的催化剂反应表面积，典型的布置方式是布置二～三层催化剂层，在最上一层催化剂层的上面，是一层无催化剂的整流层，其作用是保证烟气进入催化剂层时分布均匀。通常，在第三层催化剂下面还有一层备用空间，以便在催化剂活性降低时加入第四层催化剂层。在反应器催化剂层间设置吹灰装置，采用定时吹灰模式，吹扫时间 30～120min，每周 1～2 次。如有必要还应进行反应器内部的定期清理。反应器下设有灰斗，与电厂排灰系统相连，定时排灰。

五、催化剂层还原反应

催化剂层在 SCR 反应器中起着关键作用，当烟气中的 NO_x 与氨气在催化剂表面相遇时，发生选择性催化还原反应，催化剂通过降低反应活化能，促进 NO_x 与氨气反应生成氮气和水蒸气。催化剂的活性和稳定性直接影响脱硝效果和系统运行成本，因此需要定期检查和更换。图 2-10 为催化剂层示意图。

图 2-10　SCR 催化剂层

六、后续处理单元

经过 SCR 反应器处理后的烟气，其 NO_x 浓度已大幅降低，但仍可能含有微量的氨逃逸和其他污染物。因此，系统需设置后续处理单元，如除尘器、脱硫装置等，对烟气进行进一步净化处理，以满足排放标准。

七、排放监测与控制

为确保 SCR 脱硝系统的稳定运行和达标排放，系统配备了排放监测与控制单元。该单元通过在线监测设备实时监测烟气中的 NO_x 浓度、氨逃逸量等关键参数，并将数据反馈至控制系统。控制系统根据实时监测数据调整喷氨量、反应温度等参数，以实现脱硝效果的优化和排放量的控制。

为确保 SCR 脱硝系统的长期稳定运行，需要定期对系统进行检测和维护。这包括检查还原剂储罐、制备与混合单元、喷氨系统、SCR 反应器及催化剂层等关键部件的完好性和性能；对系统进行必要的清洗和维修；定期更换催化剂等易损件。同时，还需要建立完善的设备运行记录和故障处理机制，以便及时发现问题并采取有效措施解决。

八、尿素替代液氨升级改造

2019 年，国家能源局发布《国家能源局综合司关于切实加强电力行业危险化学品安全综合治理工作的紧急通知》（国能综函安全〔2019〕132 号），要求电力企业需"积极开展液氨罐区重大危险源治理，加快推进尿素替代升级改造进度"。目前，多数发电企业根据要求，开展了尿素替代液氨升级改造工程。尿素颗粒由斗式提升机输送至尿素溶解罐，用除盐水将干尿素溶解为质量分数 50% 的尿素溶液后，通过尿素溶解泵将尿素溶液从溶解罐中输送到尿素溶液储罐中，再通过尿素溶液输送泵、电磁流量计等计量系统输送到尿素水解反应器，尿素分解生成氨气、CO_2 和水蒸气混合气，混合气和经过加热的稀释风，在氨空混合稀释系统稀释后喷入脱硝系统。

2.3 影响 SCR 脱硝过程的主要因素

一、反应温度

反应温度不仅决定反应物的反应速度，而且决定催化剂的反应活性。一般来说，反应温度越高，反应速度越快，催化剂的活性也越高，这样单位反应所需的反应空间小，反应器体积变小。

NO_x 的还原反应只有在特定的温度区间才会有效。SCR 过程使用的催化剂降低了 NO_x 还原反应最大化要求的温度区间。在指定温度区间以下，反应动力降低。目前，SCR 商用催化剂基本都是以 TiO_2 为载体，以 V_2O_5 为主要活性成分，以 WO_3、MoO_3 为抗氧化、抗毒化辅助成分。在 305～400℃ 内，随着烟气温度的升高，催化剂的反应活性增加，脱硝效率逐渐增加，400℃ 时脱硝效率达到最大值 90%。烟温大于 400℃ 时，随着烟温的升高脱硝效率反而降低。这是由于以下两个原因造成的：

（1）烟温太高导致催化剂烧结使催化剂失活，而且催化剂的烧结过程是不可逆的。一般在烟气温度高于 400℃ 时，烧结就开始发生。V_2O_5-WO_3-TiO_2 系催化剂在烟气脱硝中，载体 TiO_2 晶型为锐钛型，烧结后会转变成金红石型，从而导致晶体粒径成倍增大，催化剂的微孔数量锐减，催化剂活性位数量锐减。

（2）当温度超过 399℃时，氨被氧化为氮氧化物抵消了脱硝效果。

当烟气温度较低，不仅催化剂活性降低，而且喷入的还原剂 NH_3 与 SO_3 反应生成硫酸氢铵（ABS），附着在催化剂表面。研究发现，在 310℃时催化剂表面已有 ABS 沉积，300℃以下时催化剂表面会生成大量 ABS，沉积在催化剂上的 ABS 堵塞孔道，覆盖活性位并可能与催化剂成分作用导致催化剂活性降低，脱硝效率下降。图 2-11 给出了催化剂活性与温度的近似关系曲线。

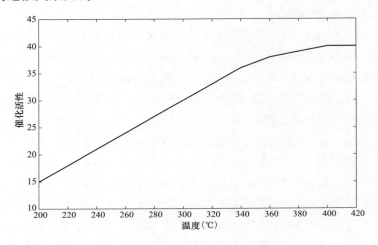

图 2-11　催化剂活性和温度的关系

二、停留时间和空速

停留时间和空速是 SCR 脱硝过程中另外两个重要的参数。停留时间是指烟气在 SCR 反应器中停留的时间，而空速是指单位时间内通过 SCR 反应器的烟气体积。适宜的停留时间和空速可以提供足够的反应时间和接触时间，促进 SCR 反应的进行。较长的停留时间和较低的空速可以增加脱硝反应的机会，提高脱硝效率。然而，过长的停留时间和过低的空速可能导致催化剂的过度负荷和堵塞，降低催化剂的脱硝效果。因此，控制适宜的停留时间和空速对于实现高效 SCR 脱硝至关重要，是有利的。停留时间和空速的选择要根据装置的投资、催化剂的活性、原料性质、产品要求等各方面综合确定。

三、氨氮摩尔比的影响

氨氮摩尔比是评价 SCR 工艺经济性的技术指标，根据 SCR 反应化学方程式，氨氮摩尔比理论上接近 1。在脱除效率达到 85% 之前，NH_3 和脱除的 NO_x 量之间有 1:1 的线性关系，但在效率 85% 以上时，脱除效率开始稳定，要得到更高的效率需要比理论值更多的氨量。这归因于工 NO_x 中以 NO_2 形式存在的部分，以及反应率的限度，典型的 SCR 系统采用每摩尔 NO_x 对应 1.05mol 氨的化学当量比。然而在工程实践中如果加入过多的氨，由于烟气经过空气预热器温度迅速下降，多余的 NH_3 会与烟气中的 SO_2 和 SO_3 等反应形成铵盐，导致烟道积灰与腐蚀。另外，NH_3 吸附在烟气飞尘中，会影响电除尘器所捕获粉煤灰的再利用价值，氨泄漏到大气中又会对大气造成新的污染。因此，一般情况下，氨氮的摩尔比一般设置在 0.9～1.05 的范围内。图 2-12 给出了摩尔比与脱硝效率/NH_3 逃逸率关系的示意图。

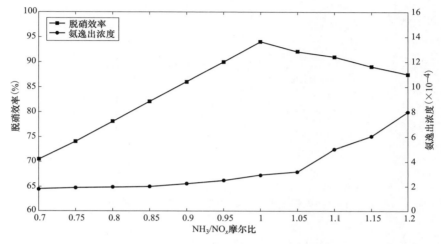

图 2-12　摩尔比与脱硝效率/NH_3 逃逸率关系

四、混合程度的影响

SCR 工程设计的关键是达到 NH_3 与 NO_x 的最佳湍流混合。因比，脱硝反应物必须被雾化并与烟气尽量混合，以确保与被脱除反应物有足够的接触。混合由喷射系统通过向烟气中加压的气态氨完成。喷射系统控制喷入反应物的喷入量、喷射角、速度和方向。一般系统用蒸汽或空气作为载气，用以增加穿透烟气的能力。

烟气和氨在进入 SCR 反应器之前进行混合，如果混合不充分，NO_x 还原效率降低，SCR 设计必须在氨喷入点和反应器入口有足够的管道长度来实现混合。混合时还可通过以下方法进行改善：

（1）在反应器上安装静态混合器。

（2）提高给予喷射流体的能量。

（3）提高喷射器的数量或喷射区域。

（4）修改喷嘴设计来改善反应物的分配、喷射角和方向。

五、催化剂选择的影响

SCR 烟气脱硝技术的关键是选择优良的催化剂。SCR 催化剂应具有活性高、抗中毒能力强、机械强度和耐磨损性能好，以及具有合适的操作温度区间等特点。一般来说，脱硝催化剂是根据项目烟气成分、特性、效率和客户要求定制的，要求催化剂活性高、使用寿命长、经济性好、无二次污染等。

六、烟气的影响

1. 烟气流型的影响

烟气流型的优劣决定着催化剂的应用效果，合理的烟气流型不仅能较高地利用催化剂，而且能减少烟气的沿程阻力。在工程设计中必须重视烟气的流场，喷氨点应具有湍流条件以实现与烟气的最佳混合,形成明确的均项流动区域。在SCR脱硝反应器进口上游烟道的相关位置设置烟气混合器、导流板、导流片及折流板等整流装置,可显著改善脱硝反应器入口烟气流场与浓度的均匀性。图2-13给出了SCR烟气脱硝系统布置示意图。

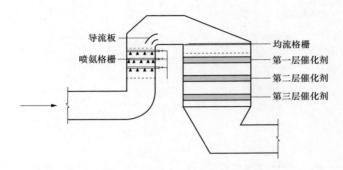

图 2-13 典型现役电站锅炉 SCR 烟气脱硝系统布置示意图

2. 烟气成分影响

烟气成分的影响主要是指烟气中的飞灰、CaO、碱金属、碱土金属、As、SO_3影响。SCR反应器中的催化剂垂直布置,烟气自反应器顶部垂直向下平行催化剂流动,在较大空速下,烟气中的大颗灰粒对催化剂造成较大磨损。其磨损程度主要受燃煤灰分的大小、灰粒的物理特性、催化剂孔道的烟速及催化剂的积灰情况等影响。当燃料确定后催化剂的磨损与通过催化剂孔道的烟速立方成正比。

烟气中的 CaO、碱金属及 As_2O_3 造成催化剂中毒,即钙化物中毒、碱金属中毒和砷中毒。主要体现在以下3个方面:

(1)飞灰中的 CaO 与 SO_3 反应,被催化剂表面所吸附形成 $CaSO_4$,$CaSO_4$ 膜覆盖在催化剂表面从而影响 NO_x 与 NH_3 的接触反应。

(2)飞灰中的碱金属(最主要的为 Na 和 K)能够与催化剂的活性成分直接发生反应,减少了催化剂的有效活性位,致使催化剂失活。碱金属在水溶下的活性很强,将完全渗透进入催化剂材料中,因此避免水蒸气在催化剂表面凝结,可有效避免此类情况发生。

(3)烟气中 As_2O_3 随粉尘在催化剂上凝结,覆盖在活性成分上或堵塞毛细孔。烟气中的 As_2O_3 气体还很容易与氧气,以及催化剂中的活性成分五氧化二钒发生反应,在催化剂表面形成五氧化二砷,导致催化剂活性成分被破坏。对于砷中毒,普遍采用向炉膛内添加 1%~2% 的石灰石,石灰石中的 CaO 与气态 As_2O_3 反应生成不会使催化剂中毒的固态 $CaAsO_4$。

烟气中的 SO_2 在燃烧过程中将产生 SO_3,在催化剂中增加氧化钒的比例可以提高催化剂的脱硝活性,但同时也增加了 SO_2 向 SO_3 的转化量,从而增加了烟气中 SO_3 的浓度。温度对 SO_2 向 SO_3 的转化有很大的作用,即使在低氧化钒含量甚至无氧化钒含量的催化剂中,仍然有部分 SO_2 转化成 SO_3。

当温度较低时,烟气中 SO_3 与 NH_3 反应产生硫酸铵和硫酸氢铵。硫酸铵和硫酸氢铵是细小的黏性颗粒，硫酸铵为白色固体，硫酸氢铵在 160~220℃时为黏性固体，在烟气温度过低时，易凝结吸附在催化剂表面和空气预热器上，继而沉积造成催化剂的堵塞，使催化剂失活。另外，硫酸氢铵附着在空气预热器上，会造成其堵塞。

2.4　SCR 脱硝系统主要设备

一、反应器/催化剂系统

SCR 反应器是烟气脱硝系统的核心设备，其主要功能是承载催化剂，为脱硝反应提供空间，同时保证烟气流动的顺畅与气流分布的均匀，为脱硝反应的顺利进行创造条件。反应器布置在省煤器之后，空气预热器之前。根据烟气流速、催化剂数量和脱硝率确定反应器的截面积，一般选用两台相同的反应器并联脱硝，反应器进、出口设置柔性接头与机组主体连接。

催化剂固定在反应器中，催化剂为模块放置。反应器内的催化剂层数取决于所需的催化剂反应表面积。典型的布置方式是布置三层催化剂层。在最上一层催化剂层的上面，是一层无催化剂的整流层，其作用是保证烟气进入催化剂层时分布均匀 SCR 反应器。

每层催化剂上方装有吹灰器，采用过热蒸汽或者压缩空气吹灰，吹扫催化剂上的积灰。初装时不安装备用层吹灰器（最上层），但备用层在反应器本体上预留有该层吹灰器的安装接口，方便用户增加备用层催化剂时安装吹灰器。

二、烟气/氨的混合系统

脱硝稀释风机的作用是鼓入大量自然空气（或者加热后的空气）将氨气（氨气、CO_2、水蒸气混合气）稀释到一定比例后喷入反应器管道，防止氨气与空气混合达到爆炸比例，从而避免造成危险。稀释风机一般选用专用高压离心风机，确保氨空气稀释比例不大于5%。每台机组设有至少两台稀释风机，一运一备或二运一备，进行连锁保护试验，在锅炉点火时期就将稀释风机投入。

氨气在进入喷氨格栅前需要在氨气/空气混合器中充分混合，氨气/空气混合器有助于调节氨的浓度，同时有助于喷氨格栅中喷氨的均匀分布。

氨喷射格栅（Ammonia Injection Grid，AIG）是 SCR 系统中的关键设备，注入的氨气在烟道中分配的均匀性，直接关系到脱硝效率和氨的逃逸率两项重要指标。保证注入的氨气在烟道中与烟气均匀混合是选择性催化反应顺利进行的先决条件。氨格栅一般采用碳钢材质，布置在省煤器出口与催化反应器进口之间的烟道上。目前，氨格栅的形式较多，但一般由安装在烟道垂直断面上的若干喷氨支管与支管上的喷嘴组成。

三、氨的储备供应系统

氨气储备供应系统主要包括两类，分别是液氨制备系统和尿素制备系统。

（1）液氨制备系统：液氨的供应由液氨槽车运送，利用液氨卸料压缩机将液氨由槽车输入储氨罐内，利用氨储罐中的压力液氨自行输送到液氨蒸发器内蒸发为氨气，氨储罐上部氨气通过调阀送入氨气缓冲罐，经氨气缓冲罐来控制一定的压力及其流量，送至锅炉脱硝系统。其主要设备有卸料压缩机、氨蒸发器（电/蒸汽）、氨罐、缓冲罐、稀

23

释槽。

（2）尿素制备系统：尿素的供应为袋装尿素，利用尿素拆包机将尿素输送至尿素溶解罐，配置为50%尿素溶液，储存至尿素储存罐，通过尿素输送泵送至尿素水解器，产生尿素混合气体（$NH_3$37.5%，$CO_2$18.7%，H_2O43.8%），送至锅炉脱硝系统。尿素水解制氨主要设备有尿素储罐、斗提机、尿素溶解罐、尿素溶解泵、尿素溶液储罐、尿素水解反应器等。

四、烟道系统

烟道的组成包括反应器入口烟道、反应器出口烟道、省煤器旁路烟道、反应器旁路烟道。省煤器旁路烟道、反应器旁路烟道由于环保形势严峻，目前大部分电厂已取消。烟道布置要简洁、流场通顺，有利于氨与烟气的自然混合，烟气阻力减小，烟道内布置混合器、导流板等。其主要设备有膨胀节、导流板、检修口等。

五、SCR脱硝控制系统

SCR脱硝控制系统由一系列的传感器及自动控制系统组成，实现了对温度、压力、流速、氨氮比等重要参数的实时监控，以保证整个系统处于最优工况。在上述参数超过预定值时，可对有关装置进行自动调节，在维持脱硝效能的前提下，避免过量的氨气逸出，保证环境与安全。其主要设备为DCS、PLC、仪表、盘柜等。

SCR 系统的催化剂

3.1　催化剂的种类及特点

（1）按活性组分分类，第一类是铂、钌、钯、银等贵金属，第二类是以 V_2O_5 为主的钒、钨、钼的氧化物，第三类是含铁、铈、锰、铋和铜的复合氧化物。

1）贵金属催化剂是最早使用于 SCR 反应的催化剂，以贵金属（Pt、Pd、Rh、Ag）作为活性成分，以 AL_2O_3 或陶瓷作为载体的催化剂。其催化反应的活性温度范围较小，通常在 300℃ 以下，抗水性好，抗硫性一般，热稳定性好，但对 NH_3 有一定的氧化性，将其氧化成二次污染物 N_2O，价格昂贵。贵金属的脱硝性质好坏与贵金属种类和载体的种类都有关系。因此，类催化剂成本贵容易造成 NH_3 氧化，工业化应用不太实际。

2）金属氧化物催化剂，是金属氧化物或者复合氧化物的催化剂，有时以 TiO_2，Al_2O_3，ZrO_2 或活性炭等作为载体。这类催化剂原料成本较低，具有良好的中、高温 SCR 活性，N_2 选择性高，活性温度范围宽，抗水性好和抗硫性较好，热稳定性好。其良好的综合性质使其迅速成为 SCR 脱硝催化剂重点研究对象。金属氧化物催化剂是目前研究最多，也是最成熟的催化剂。

3）复合氧化物催化剂，即三元催化剂，主要用于汽车尾气净化。

（2）按载体分类：第一类以为 TiO_2 为主的氧化物，第二类为活性炭，第三类为沸石分子筛。

目前，SCR 商用催化剂基本都是以 TiO_2 为载体，以 V_2O_5 为主要活性成分，以 WO_3、MoO_3 为抗氧化、抗毒化辅助成分。TiO_2 为主的氧化物，从 20 世纪 60 年代末期开始，日本日立、三菱、武田化工三家公司通过不断的研发，研制了 TiO_2 基材的催化剂，并逐渐取代了 Pt-Rh 和 Pt 系列催化剂。该类催化剂的成分主要由 V_2O_5（WO_3）、Fe_2O_3、CuO、CrO_x、MnO_x、MgO、MoO_3、NiO 等金属氧化物或起联合作用的混合物构成，通常以 TiO_2、Al_2O_3、ZrO_2、SiO_2、活性炭（AC）等作为载体，与 SCR 系统中的液氨或尿素等还原剂发生还原反应，成为电厂 SCR 脱硝工程应用的主流催化剂产品。

活性炭该类催化剂的活性炭与氧接触时具有较高可燃性，不宜广泛使用。

沸石分子筛类型催化剂是一种陶瓷基催化剂，由带碱性离子的水和硅酸铝的一种多孔晶体物质制成丸状或蜂窝状，具有较好的热稳定性及高温活性，在德国有应用业绩。其最早应用于催化裂化、加氢裂化和甲醇制汽油等领域。

（3）按温度分类：低温（＜300℃）、中温（260～400℃），高温（345～590℃）。

1）高温脱硝催化剂是通常由活性氧化物（如钛、钨、钼、铈等）及其载体组成。反应温度通常在 400～600℃之间。

2）中温催化剂主要是金属氧化物催化剂，包括氧化钛基催化剂（300～400℃）及氧化铁基催化剂（380～430℃）。

3）低温催化剂能较大幅度降低 SCR 脱硝反应温度（到 300℃以下），脱硝装置可以放在除尘器甚至脱硫装置之后，减少了高浓度的烟尘对催化剂的机械磨损和中毒效应，同时可避免烟气的重复加热，节约了锅炉改造和整体运行成本，成为近年来的研究热点。对于低温 SCR 催化剂，国内外的研究主要集中在锰基（MnO）、钒基（VO），以及其他金属氧化物基 [如铈基（CeO）、铁基（FeO）、铜基（CuO）] 等催化剂的方向上。

（4）按结构分类：蜂窝式、平板式、波纹式。

1）蜂窝式催化剂由陶制挤压，成型均匀，整体均是活性成分，比表面积大、活性高、所需催化剂体积小；催化活性物质比其他类型多 50%～70%；催化剂再生后仍保持选择性。高尘及低尘均适用。

2）平板式催化剂金属作为载体，表面涂层为活性成分。表面积小、催化剂体积大；生产简便，自动化程度高；烟气通过性好，但上下模块间易堵塞；实际活性物质比蜂窝式少 50%。高尘及低尘均适用。

3）波纹式催化剂波纹状纤维作载体，表面涂层为活性成分。表面积介于蜂窝式与平板式之间，质量轻；生产自动化程度高；活性物质比蜂窝式少 70%；烟气流动性很敏感；上下模块之间易堵塞。主要用于低尘，也用于高尘。

图 3-1 给出了催化剂三种结构样式的示意图。

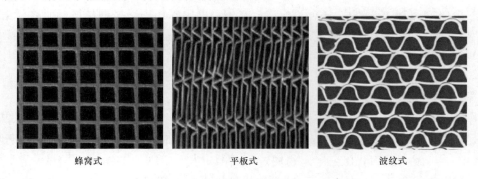

蜂窝式　　　　　　　　平板式　　　　　　　　波纹式

图 3-1　催化剂种类

某电厂 2×600MW 机组脱硝装置反应器于锅炉中心线左右对称布置两台。设计初期每台反应器内设置三层催化剂，最上层为备用层，下面二层装有催化剂。随着环保要求日益严格，对反应器进行改造，新增一层催化剂，改为四层催化剂，最上层为备用层，下面三层装有催化剂。催化剂采用板式催化剂，多个大约 1mm 厚、6mm 间距的板式催化剂元件组装在一个催化剂单元内，每个催化模件里含多个催化单元。SCR 脱硝系统催化剂选用钒钛钨催化剂，主要成分有二氧化钛 TiO_2、五氧化二钒 V_2O_5、三氧化钨 WO_3 等。催化剂部件由支撑板组成，其内部覆盖有以二氧化钛为基的催化剂活性成分，烟气平行流过催化剂部件，使得压降最低。多个板式部件组装在一个催化剂单元内，模块化的催化剂单元形成催化剂块，以方便运输。一个反应器布置有 156 块催化剂（13 块宽，6 块长及 2 块高），初始负荷时的催化剂体积是 313m³/反应器。单位催化剂块长 1881mm，宽 948mm，高 1440mm，每块约重 1300kg。图 3-2 给出了某电厂催化剂模块和安装位置示意图。

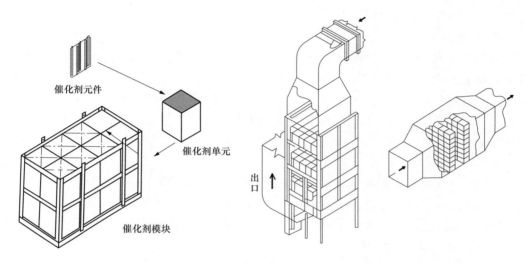

图 3-2　某电厂催化剂模块和安装位置示意图

3.2　催化剂的性能

催化剂的性能（包括活性、选择性、稳定性和再生性）无法直接量化，而是综合体现在一些参数上，主要有活性温度、几何特性参数、机械强度参数、化学成分含量、工艺性能指标等。

一、活性温度

催化剂的活性温度范围是催化剂性能重要的指标。反应温度不仅决定反应物的反应速度，而且决定催化剂的反应活性。如 V_2O_5-WO_3/TiO_2 催化剂，反应温度大多设在 305～420℃之间。如果温度过低，反应速度慢，不利于 NO_x 降解的副反应；如温度过高，则会出现催化剂活性微晶高温烧结的现象。

二、几何特性参数

1. 节距/间距

这是催化剂的一个重要指标，通常以 P 表示。其大小直接影响到催化反应的压降和反应停留时间，同时还会影响催化剂孔道是否会发生堵塞。对蜂窝式催化剂，如蜂窝孔宽度为（孔径）为 d，催化剂内壁壁厚为 t，则

$$P=d+t \tag{3-1}$$

对平板和波纹式催化剂，如板与板之间宽为 w，板的厚度为 h，则

27

$$P=w+h \tag{3-2}$$

由于 SCR 装置一般安装在空气预热器之前，飞灰浓度可大于 15g/m³（干，标态），如果催化剂间隙过小，就会造成飞灰堵塞，从而阻止烟气与催化剂接触，效率下降，磨损加重。一般情况下，蜂窝式催化剂堵灰要比平板式严重些，需要适当地加大孔径。燃煤电站 SCR 脱硝工程中的蜂窝式催化剂节距一般在 6.3～9.2mm 之间，同等条件下，板式催化剂间距可以比蜂窝式稍小些。

2. 比表面积

比表面积是指单位质量催化剂所暴露的总表面积，或用单位体积催化剂所拥有的表面积来表示。由于脱硝反应是一个多相催化反应，且发生在固体催化剂的表面，所以催化剂表面积的大小直接影响到催化活性的高低，将催化剂制成高度分散的多孔颗粒为反应提供了巨大的表面积。蜂窝式催化剂的比表面积比平板式的要大得多，前者一般在 427～860m²/m³，后者约为其一半。

3. 孔隙率和比孔体积

孔隙率是催化剂中孔隙体积与整个颗粒体积之比。孔隙率是催化剂结构直接的一个量化指标，决定了孔径和比表面积的大小。一般催化剂的活性随孔隙率的增大而提高，但机械强度会随之下降。比孔体积则指单位质量催化剂的孔隙体积。

4. 平均孔径和孔径分布

通常所说的孔径是由实验室测得的比孔体积与比表面相比得到的平均孔径。催化剂中的孔径分布很重要，反应物在微孔中扩散时，如果各处孔径分布不同，会表现出差异很大的活性，只有大部分孔径接近平均孔径时，效果最佳。

三、机械强度参数

机械强度参数主要体现了催化剂抵抗气流产生的冲击力、摩擦力、耐受上层催化剂的负荷作用、温度变化作用及相变应力作用的能力。机械强度参数共有 3 个指标，即轴向机械强度、横向机械强度和磨耗率。前 2 个分别是指单位面积催化剂在轴向和横向可承受的重量；磨耗率则是用一定的试验仪器和方法测定得到的单位质量催化剂在特定条件小的损耗值，用于比较不同催化剂的抗磨损能力。

四、化学成分含量

化学成分含量包含活性组分及载体，如 V_2O_5-WO_3/TiO_2 催化剂中各成分的质量百分数。这其中关键为起催化作用的量，助催化与载体的配比量也同样重要。根据不同用户的情况，含量会有所不同。一般情况下，V_2O_5 占 1%～5%，WO_3 占 5%～10%，TiO_2 占其余绝大部分比例。

五、工艺性能指标

工艺性能指标包括体现催化剂活性的脱硝效率、SO_2/SO_3 转化率、NH_3 逃逸率，以及压降等综合性能指标。这些指标一般在催化剂成品完成后需要在实验室实际烟气工况下进行检测，以确认各指标符合要求。

1. 脱硝效率

脱硝效率指进入反应器前、后烟气中 NO_x 的质量浓度差除以反应器进口前的 NO_x

浓度（浓度均换算到 6%氧量下），直接反映了催化剂对 NO_x 的脱除效率。一般情况下，脱硝工程会设计初期脱硝率和远期脱硝率，通过初置和预留若干催化剂层，以后逐层添加来满足未来可能日益严格的排放要求。

2. SO_2/SO_3 转化率

SO_2/SO_3 转化率指烟气中 SO_2 转化成 SO_3 的比例。SO_2/SO_3 转化率越高，催化剂活性越好，所需要催化剂量越少，但转化率过高会导致空气预热器堵灰及后续设备腐蚀，而且会造成催化剂中毒。因此，一般要求 SO_2/SO_3 转化率小于 1%。在钒钛催化剂中加入钨、钼等成分，可有效地抑制 SO_2 转化成 SO_3。

3. NH_3 逃逸率

催化剂反应器出口烟气中 NH_3 的体积分数，它反映了未参加反应的 NH_3。如果该值高，一是会增加生产成本，造成 NH_3 的二次污染；二是 NH_3 与烟气中的 SO_3 反应生成 NH_4HSO_4 和（NH_4）$_2SO_4$ 等物质，会腐蚀下游设备，并增大系统阻力。

4. 压降

烟气经过催化剂层后的压力损失。整个脱硝系统的压降是由催化剂压降，以及反应器和烟道等压降组成，这个压降应该越小越好，否则会直接影响锅炉主机和引风机的安全运行。在催化剂设计中，合理选择催化剂孔径和结构形式是降低催化剂本身压降的重要手段。

5. 其他

除了以上物理、化学和工艺性能指标外，各特定 SCR 脱硝项目工程所采用的催化剂还有体积、尺寸等合同指标，在催化剂评标、验收中也作为很重要的参数需要予以审核。

3.3 催化剂的再生

目前，火电厂 SCR 脱硝催化剂常布置在锅炉省煤器之后、空气预热器和除尘器之前，从而可以利用烟气热量以保持运行所需温度。这会导致催化剂暴露于高浓度粉尘和 SO_2 中。随着运行时间的增加，催化剂活性逐渐降低，导致烟气中 NO_x 浓度无法达到排放要求。脱硝催化剂的使用寿命一般为 2～3 年。

失活脱硝催化剂由于含有有毒金属元素钒和多种吸附的杂质元素（砷和铅等）被归类为国家危险废物（废物代码 772-007-50）。目前的主要处理方法是填埋，这不仅浪费钒、钨和钼等重要的金属资源，还会占用土地资源并对环境和人类健康造成潜在危害。失活脱硝催化剂的再生和资源化利用可以有效减少废催化剂量、降低处置成本和减轻对环境的影响，具有重要的环境和经济效益。

一、脱硝催化剂的失活

脱硝催化剂的失活是指在催化剂的使用过程中，由于受到复杂烟气条件的影响，催化剂的活性逐渐降低的现象。造成催化剂失活的原因主要可以分为物理失活和化学失活。

（1）催化剂物理失活主要是指脱硝催化剂磨损、通道堵塞、"覆盖层"中毒，以及高温烧结。

1）催化剂磨损是指在运行过程中由于烟气烟尘的冲刷而导致催化剂表面整体损坏。

2）催化剂通道堵塞是指烟气中的飞灰随着烟气流经脱硝装置时速度变小，灰粒会首先聚集在脱硝装置上游，积累到一定程度后掉落到催化剂通道中造成堵塞；通道堵塞会使脱硝装置的压降增加，对脱硝装置甚至锅炉的安全运行产生极为不利的影响。

3）"覆盖层"中毒主要是指飞灰中的 SiO_2、Al_2O_3、CaO 和硫酸盐等沉积在催化剂表面，堵塞催化剂内部微孔，覆盖住催化剂表面的活性位，进而阻碍 NO_x 与 NH_3 在催化剂表面发生反应。

4）脱硝催化剂高温结烧是指当温度高于 450℃时，会造成催化剂载体 TiO_2 烧结和晶型转变，引起催化剂比表面积急剧下降、孔隙率变低，导致活性降低。另外高温还会引起催化剂中活性组分 V_2O_5 的聚合和挥发损失，从而引起催化活性的急剧下降。此外，聚合后的 V_2O_5 还会促进 SO_2 氧化为 SO_3，从而对下游的管道产生不利影响。

（2）催化剂化学失活主要是指烟气中含有的某些有害杂质元素使脱硝催化剂的活性、选择性出现明显下降或丧失的现象。固定源烟气中含有大量的杂质元素，如碱和碱土金属元素 K、Na、Ca 和 Mg，重金属元素 Pb、Hg、Fe 和 Zn，以及其他 As、S、Cl 和 P 等元素，这些元素大部分在脱硝催化剂活性位点有很强的化学吸附作用，可以与活性位发生反应，改变活性位的结构或通过电子相互作用改变 NO_x、NH_3 吸附行为，从而导致催化剂失活。脱硝催化剂失活的不同类型及其失活机理，见表 3-1。

表 3-1　　　　　　　　　　不同类型的失活原因及失活机理

失活类型	失活原因	失活机理
物理失活	磨损	催化剂表面整体损坏
	孔内堵塞	飞灰聚集、掉落到催化剂表面，造成堵塞
	"覆盖层"中毒	各类杂质沉积在催化剂表面上，覆盖活性位点
	高温烧结	载体烧结和晶型转变引起催化剂比表面积急剧下降，V_2O_5 聚合和挥发
化学失活	碱金属、碱土金属、重金属和其他元素	改变活性位结构或通过电子相互作用改变 NO_x、NH_3 的吸附行为

二、失活脱硝催化剂的再生

对失活脱硝催化剂进行再生可以延长催化剂的使用寿命，降低更换催化剂产生的成本，是处理失活脱硝催化剂的首要选择。由于脱硝催化剂失活的原因复杂，对催化剂进行再生时，需要针对催化剂的失活原因选择相应的再生方法，才能高效地恢复催化剂活性。催化剂再生主要有碱和碱土金属元素失活催化剂的再生、重金属元素失活催化剂再生、其他非金属元素失活催化剂再生。

1. 碱和碱土金属元素失活催化剂的再生

燃煤或者生物质烟气中的碱土金属元素可以造成脱硝催化剂失活。飞灰中碱土金属元素主要为 K、Na、Ca 和 Mg 等，这些元素容易与催化剂表面 Brønsted 酸性位发生反应，改变酸性位结构，阻碍 NH_3 在催化剂表面的吸附，使 NH_3-SCR 反应无法发生，从而导致催化剂活性明显降低。目前，针对脱硝催化剂碱和碱土金属元素失活的再生方法主要是去除碱土金属元素，恢复催化剂上的 Brønsted 酸性位，从而提高失活催化剂的活性。常用方法有水洗再生、SO_2 硫酸化再生和酸洗再生等。

2. 重金属元素失活催化剂再生

燃煤电厂或者垃圾焚烧电厂烟气中含有的重金属元素，如 Pb、As、Hg 和 Zn 等。目前的研究发现 Pb 可以导致脱硝催化剂失活。Pb 在燃烧过程中转化为 PbO、Pb_3O_4 或 $PbCl_2$，通过在酸性位的竞争性化学吸附毒化活性位，阻碍催化剂表面 NH_2 的吸附，导致催化剂失活。与碱金属氧化物相比，Pb 对脱硝催化剂的毒性介于 Na_2O 和 K_2O 之间。在煤燃烧过程中，煤炭中的 As 会形成气态氧化物 As_2O_3 扩散到催化剂微孔内，吸附在催化剂表面的活性位上，改变活性位结构从而引起催化剂的失活。另外，吸附的 As_2O_3 还会被氧化成 As_2O_5 覆盖住催化剂活性位，抑制 NH_3 的吸附活化并促进 N_2O 的生成，从而降低脱硝催化剂的活性。目前，关于重金属失活脱硝催化剂的再生方法主要有水洗再生、酸洗再生、碱洗再生、H_2O_2 清洗再生、热还原法再生和电化学法再生等。

3. 其他非金属元素失活催化剂再生

锅炉烟气中除含有碱、碱土元素和重金属等金属元素外，也含有 S、Cl 和 P 等无机非金属元素，在烟气中主要以 SO_2、HCl、P_2O_5 和 H_3PO_4 等气体形式存在，也会引起催化剂活性的下降。烟气中 SO_2 在低于 300℃ 的温度下容易与 NH_3 和 H_2O 反应形成（亚）硫酸铵盐，覆盖催化剂活性位，导致催化剂活性降低。HCl 可以与还原剂 NH_3 反应生成 NH_4Cl，抑制 NH_3 在催化剂表面的吸附活化并可以堵塞微孔；HCl 还可与催化剂活性位点发生反应生成金属氯化物，这些都会造成催化剂失活。P 在燃烧过程中形成的气态 P_2O_5 和 H_3PO_4 可以堵塞微孔，并与活性位反应生成碱性磷酸盐沉积在催化剂表面，导致催化剂失活。目前，针对此类失活催化剂的再生研究较少，主要有水洗再生和高温热处理再生等。表 3-2 给出了不同原因导致脱硝催化剂失活的再生方法及其特点。

表 3-2　　　　　　　　　　催化剂失活的再生方法及其特点

中毒原因	再生方法	特点
碱与碱土金属	去离子水洗涤 [15]	简单有效
	SO_2 硫酸化 [16]	可以增加酸性位点，但存在 NH_3、O_2 或 H_2O 时，与 SO_2 反应生成 NH_4HSO_4 堵塞催化剂
	稀硫酸洗涤 [17]	有效去除表面碱金属，提供酸性位点，同时造成设备腐蚀，催化剂活性成分和机械强度的损失
	电泳再生 [23]	能耗较高
重金属	水、乙酸和硝酸溶液 [28]	酸洗可以更有效地去除重金属，并提供酸性位点
	去离子水、乙酸和三亚乙基四胺混合溶液 [29]	有效地去除微孔中的重金属，并络合固定 PbO
砷	Ca（NO_3）$_2$ [32]	碱性条件下有效去除 As_2O_3，活性成分损失较低

中毒原因	再生方法	特点
砷	NaOH 溶液 [32]	不能有效清除催化剂微孔中的 As，可能导致催化剂二次中毒
	稀硫酸洗涤 [33]	有效去除 As_2O_3
	高温 H_2 还原再生 [34]	有效恢复深度 As 失活催化剂的活性，但会对其物化性能产生影响
SO_2	热处理	有效去除硫酸铵

　　某发电公司 4 号炉脱硝系统于 2010 年 10 月投入运行，截至 2014 年 8 月，累积运行时间将达到 29000h。根据催化剂生产厂出具的催化剂检验报告，4 号炉催化剂活性明显降低，脱硝效率已低于保证脱硝系统正常运行的要求值。因此利用 2014 年 8 月 4 号炉大修机会进行加装新催化剂或对失活催化剂进行再生处理。催化剂拆除后，首先采用额定压力的射流机冲洗，去除附着不牢的浮灰和堵塞物，然后采用鼓泡清洗清除失活催化剂表面和堵塞在 SCR 催化剂孔道中的灰尘颗粒沉积物，超声化学清洗过程中使用渗透促进剂、表面活性剂作为助剂，在专利清洗剂的作用下清洗去除溶解性碱金属。为了进一步提高 SCR 催化剂的活性，应用超声浸渍法在催化剂表面负载含有钒、钨等氧化物的活性组分，以满足提高脱硝催化活性的要求，再生工艺流程如图 3-3 所示。

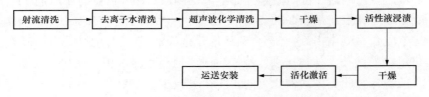

图 3-3　催化剂再生工艺流程

　　（1）射流清洗：利用额定压力的 SCR 脱硝催化剂专用射流清洗剂进行冲洗，除去黏附尚且不牢的浮灰和孔道堵塞物。

　　（2）去离子水清洗：使用去离子水进一步清除负压吸尘遗留下的粉尘，降低下一步化学清洗污垢干扰，去离子水中添加渗透促进剂和表面活性剂，使载体污垢表面浸润，为下一步化学清洗创造良好清洗界面。

　　（3）超声波化学清洗：根据取样分析，判断催化剂失活机理主要是催化剂内含有 Na^+、K^+ 等碱金属离子、硫酸钙、二氧化硅等污垢以及部分活性丢失，使用清洗药剂，去除 Na^+、K^+ 等碱金属离子，扭曲难除污垢晶键形态，使顽固性硫酸钙、二氧化硅等污垢发生溶胀效果，达到去除目的，为增加除垢效果，采用超声波辅助。

　　（4）活性液浸渍：经水洗、化学清洗后，催化剂表面呈洁净状态，但部分活性成分丢失，根据取样分析，采用再生液，激活惰性 V/W 价态，恢复其活性，补充活性成分，提高催化剂活性能力。

　　（5）活化激活：将负载有原始活性成分的催化剂送入活化炉进行活化，活化炉采用温控技术，有效激活催化剂活性物质。

2014 年 9 月 26 日，机组启动，脱硝设施同步投入运行。保证再生过程不破坏催化剂的微观结构，以及催化剂的有效成分不流失；机械强度和硬度不被损坏；2 层再生催化剂层总阻力小于 462Pa；在机械寿命期内，SCR 反应器内的催化剂的压力损失保证增幅不超过 5%。疏通率达 95%以上。性能试验考核时再生后催化剂的 NO_x 脱除率不小于 85.5%，氨的逃逸率不大于 3，SO_2/SO_3 转化率小于 1%。再生后的催化剂活性恢复到新鲜催化剂的 80%以上，在催化剂化学寿命期内，再生催化剂脱硝效率衰减速率不超过新鲜催化剂。

3.4　催化剂的检修与维护

脱硝催化剂是 SCR 脱硝系统的重要组成部分。SCR 反应器布置在省煤器与空气预热器之间，因为各种原因（如磨损、堵塞、失活等）导致催化剂使用寿命降低，从而提高脱硝成本。

检修维护是指机组停用后对催化剂的检查、保护措施。避免催化剂潮湿，必要时进行催化剂干燥。定期对催化剂进行清扫、表面除灰；对催化剂进行全面检查，分析催化剂的腐蚀、堵塞或损坏程度；若催化剂局部发生损坏，可小单元更换。对 SCR 反应器内的其他附属设备进行全面检查，包括氨喷嘴、导流板、整流装置、催化剂密封件、吹灰系统等。检查影响吹灰系统阀门严密性的相关配件，确保检查到位。

1. 机组停运后催化剂的保护措施

防止雨水或锅炉冲洗水等湿气进入催化剂，一般保持脱硝反应器内湿度低于 70%。当湿度较大时，建议在反应器内通入干燥的压缩空气或放入干燥剂，也可以在反应器下部安装除湿机，保持反应器内的干燥环境，避免催化剂活性降低。

2. 催化剂的清洁

在锅炉停机前，对脱硝系统吹灰一次，以免有飞灰黏附在催化剂上。机组停运后，对催化剂进行全面清扫，用真空吸尘器或采取其他措施，去除催化剂表面沉积的粉尘、绝缘材料及铁锈等物质。

3. 催化剂的检查及修补

利用停机机会，对催化剂进行全面检查，是否发生腐蚀、堵塞或损坏。若催化剂局部发生损坏，需及时订货，在订货来不及的情况下，用钢板对局部区域进行封堵，待下次检修时更换催化剂模块或在厂家的指导下更换部分催化剂小单元。

4. 附属设备全面检查

（1）氨喷嘴检查，防止喷嘴发生堵塞，引起喷氨不均匀，造成催化剂局部劣化。

（2）导流板、整流装置的检查，防止导流板、整流装置脱落或变形，引起烟气流场不均，造成催化剂局部劣化和机械寿命缩短。

（3）检查催化剂密封件。若密封件变形失效或者脱焊，及时更换密封件，并进行满焊保证密封性，从而达到脱硝效率的稳定。

（4）吹灰系统的检查。检查耙式吹灰器的平整度，防止行进过程中，吹灰器与催化剂发生碰撞，从而损坏吹灰器与脱硝催化剂；检查吹灰系统的阀门严密性，防止运行中大量水汽泄露至反应器内的催化剂上；检查吹灰系统管路，管路的坡度是否满足设计要求，确保每次吹灰前能充分疏水，避免吹灰运行中夹带的水进入反应器内。

5. 催化剂的失活预防

（1）催化剂失活的原因。

受到烟气中的气体成分、烟尘和温度等因素的影响，催化剂的活性一般都会随着时间的延长而降低。引起催化剂失活的原因有堵塞、中毒、烧结和磨蚀磨损等。

堵塞失活主要是由于烟气中的细小颗粒物聚集在催化剂的表面和小孔内，阻碍了反应物分子到达催化剂表面。最常见的堵塞物为铵盐和硫酸钙，将反应器温度维持在铵盐沉积温度之上，可有效减轻铵盐堵塞。在高飞灰情况下，硫酸钙是引起催化剂堵塞使失活的主要原因。烧结失活主要为在450℃以上的高温环境，导致催化剂颗粒增大、表面积减小，因而使催化剂活性降低。

（2）防止催化剂失活的主要措施。

1）催化剂的节距选择和合理布置吹灰器可以有效消除烟气灰尘对催化剂孔的堵塞。为了防止高含尘布置的催化剂在运行过程中产生堵塞，催化剂结构选型上需充分考虑烟气灰尘浓度的特性，合理选择催化剂以适应运行条件。同时，每层催化剂布置吹灰器，定期对催化剂表面进行吹扫，防止催化剂积灰，造成堵塞的发生。

2）如果堵塞是由于低温下形成的硫酸氢铵引起的，则可以通过加热的方式分解硫酸氢铵，恢复催化剂的部分活性。

SCR 还原剂制备系统

4.1 SCR 还原剂

选择性催化还原法（SCR）脱硝技术就是将烟气中的 NO_x 在催化剂的作用下，与还原剂发生反应并生成无毒无污染的氮气和水。脱硝还原剂的来源主要有液氨、氨水和尿素，液氨、氨水可以直接制取氨气，尿素可以间接制取氨气。但液氨作为还原剂存在一定的危险性，从安全角度来讲，液氨属于乙类危险品，在安全方面具有特殊要求，对储存车间的建筑要求高。随着脱硝还原剂储存、制备与供应技术的日渐成熟，脱硝还原剂的选择主要从安全与经济角度考虑。通过尿素制氨工艺替代液氨贮存及制备工艺，可达到同等的脱硝性能。尿素是一种稳定、无毒的固体物料，作为脱硝用氨的理想来源，对人和环境均无害，可以被散装运输并长期储存，运输道路无特殊要求，安全成本低。SCR脱硝技术需要的是纯氨气，尿素热解成氨气的质量转化率为 1.76:1，也就是说 1.76kg 尿素可以转化为 1kg 氨气。氨水的氨浓度仅仅是 20%~25%，价格便宜。对于 SCR 脱硝技术来讲，尿素运行费用最高，氨水次之，液氨最便宜。但是，液氨最危险，尿素最安全。氨水的建造及运行成本较高，存在一定的安全隐患。

4.2 尿素制氨工艺原理

尿素，又称碳酰胺（carbamide），是一种白色晶体，是最简单的有机化合物之一。其化学式为 $CO(NH_2)_2$，相对分子质量为 60.06，是无色或白色针状或棒状结晶体（工业或农业品为白色略带微红色固体颗粒），无臭无味。其含氮量约为 46.67%。密度为 $1.335g/cm^3$，熔点为 132.7℃，易溶于水、醇，难溶于乙醚、氯仿，呈弱碱性。尿素用作SCR 脱硝系统的还原剂，一般来讲，尿素的品质要求如表 4-1 所示。

表 4-1 　　　　　　　　　尿 素 品 质 要 求

项目		工业用	
		优等品	合格品
总氮（N）的质量分数	≥	46.4	46.0
缩二脲的质量分数	≤	0.5	1.0
水分	≤	0.3	0.7

续表

项目		工业用	
		优等品	合格品
铁（以 Fe 计）的质量分数	≤	0.0005	0.0010
碱度（以 NH_3 的质量分数计）	≤	0.01	0.03
硫酸盐（以 SO_4^{2-} 计）的质量分数	≤	0.005	0.020
水不溶物的质量分数	≤	0.005	0.040

以尿素作为还原剂进行脱硝，有热解制氨技术和水解制氨技术两种技术。其中，水解制氨技术又分为普通水解制氨技术和催化水解制氨技术。

一、尿素热解制氨工艺原理

尿素热解工艺以美国 Fuel Tech 公司的 OUT ULTRA®工艺为代表，国外尤其美国业绩较多，国内也有较多使用业绩，已在国内的华能北京热电厂（4×830t/h 锅炉）、京能石景山热电厂（4×670t/h 锅炉）、华能玉环电厂（4×1000MW 机组）等应用。目前，应用尿素热解制氨工艺的有上海申能吴泾第二发电有限公司 1×600MW 机组、马鞍山当涂发电有限公司一期工程 2×660MW 超临界机组、大唐国际陡河发电厂 3 号机组（250MW）、大唐湘潭发电公司 1×300MW 机组、上海外高桥第二发电有限责任公司 2×900MW 机组等。

ULTRA®系统中，带泵的循环装置将质量浓度为 50%的尿素溶液提供给热解炉系统的计量分配装置，计量后的尿素溶液被输送至一系列经过专门设计并安装在热解炉入口处的喷嘴。计量分配装置可根据系统的需要自动控制喷入热解炉的尿素量。ULTRA®系统可选择采用天然气和柴油加热稀释风，也可采用电加热。采用电加热方案是利用电加热器将热空气（或锅炉一次风）温度再次提升并达到进入热解炉的温度（350～650℃），随后将尿素溶液喷入，与来自电加热器的高温空气混合热解，形成 NH_3 浓度小于 5%的混合气，并经氨喷射装置进入 SCR 入口烟道。尿素在温度高时不稳定，会分解成氨（NH_3）和异氰酸（HNCO）。HNCO 与水进一步反应生成 NH_3 和 CO_2。尿素热解制氨工艺的反应方程式为

$$CO(NH_2)_2 \longrightarrow NH_3 \uparrow + HNCO \tag{4-1}$$

$$HNCO + H_2O \longrightarrow NH_3 \uparrow + CO_2 \uparrow \tag{4-2}$$

总反应为

$$CO(NH_2)_2 + H_2O \longrightarrow 2NH_3 \uparrow + CO_2 \uparrow \tag{4-3}$$

典型的尿素热解制氨流程如图 4-1 所示。

（1）电加热式热解技术，即采用电加热器将 300℃左右的热一次风再次升温，达到约 650℃的工艺温度，过程中需要消耗大量电能，运行成本高，厂用电率增加较大。相对电厂容易获得的高温蒸汽与高温烟气，电能属于高品位能，运行费用非常高。电加热式热解技术的优点是系统简单、控制简单，缺点主要体现在：

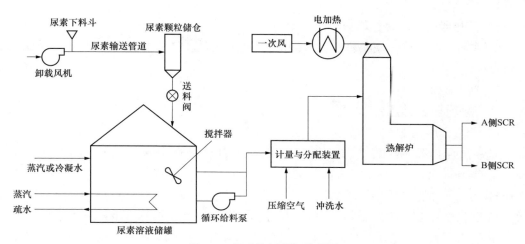

图 4-1 尿素热解制氨流程图

1）能耗高，电能属于高品位能，运行费用非常高；

2）热解炉中，热空气与尿素溶液的混合较难控制，导致尿素分解率低，一般在 80% 左右，尿素的消耗量较大，增加运行成本；

3）未分解尿素易在热解炉板结，造成堵塞，劣化热解炉性能；

4）未分解的尿素喷入 SCR 后，会在催化剂孔板处沉积，形成堵塞，影响催化剂性能；

5）电加热器故障需停机检修，维护不方便。

目前，由于电加热器的运行成本偏高，电耗居高不下，随着国家节能减排的要求，部分电厂把原有的尿素热解系统的电加热器换成利用高温烟气加热一次风系统的高温气—气换热器，从而实现节能，但整体能耗还是高于水解。

（2）气—气换热是将冷/热一次风送到锅炉低过或低再区域，在这一区域布置一组蛇形管束，高温烟气加热管束，将冷/热一次风加热到尿素热解所需要的热源温度。温度控制需根据机组运行负荷、NO_x 变化量的情况、尿素溶液流量、尿素热解需要的温度进行综合控制，以满足机组正常运行负荷范围内脱硝性能的要求。气—气管式换热技术示意图见图 4-2。

气—气管式换热技术的优点，相比于电加热可以节省一部分能量。缺点体现在以下 7 个方面：

1）热解炉中热空气与尿素溶液的混合较难控制，导致尿素分解率低，一般在 80% 左右，尿素的消耗量较大，增加运行成本；

2）未分解尿素易在热解炉板结，造成堵塞，劣化热解炉性能；

3）在锅炉极低负荷时，增设电加热进行温度补偿；

4）控制要求严格，不容易调控；

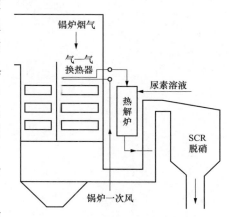

图 4-2 气—气管式换热技术示意图

5）换热器故障需停机检修，维护不方便；

6）系统复杂，气—气换热器需考虑现场位置和承载情况，涉及锅炉钢架的改造加固工作量大；

7）初期投资较大。

二、尿素水解制氨工艺原理

1. 普通水解制氨

尿素普通水解制氨工艺主要有意大利 SiirtecNigi 公司的 Ammogen 工艺，美国 Wahlco 公司及 Hamon 公司的 U2A 工艺和 AOD 工艺。近几年，国产尿素水解工艺也已成熟，国内众多电厂脱硝已采用国产尿素水解工艺。通过众多工程说明，国产尿素水解工艺运行状态稳定，还原剂供应可以满足机组负荷连续变动情况下的运行需求，技术成熟。

尿素普通水解制氨系统中，尿素颗粒加入溶解罐，用除盐水将其溶解成质量浓度为 40%～60% 的尿素溶液，通过溶解泵输送到尿素溶液存储罐；之后尿素溶液经给料泵、计量与分配装置进入尿素水解制氨反应器，在反应器中尿素水解生成 NH_3、H_2O 和 CO_2，产物经由氨喷射系统进入 SCR 脱硝系统。其化学反应式为

$$CO(NH_2)_2 + H_2O \longleftrightarrow NH_2-COO-NH_4 \longrightarrow 2NH_3\uparrow + CO_2\uparrow \qquad (4-4)$$

该反应是尿素生产的逆反应，反应速率是温度和浓度的函数，反应所需热量由蒸汽提供。

尿素普通水解制氨系统主要设备有尿素溶解罐、尿素溶解泵、尿素溶液储罐、尿素溶液给料泵以及尿素水解制氨模块等。尿素水解技术流程图见图 4-3。

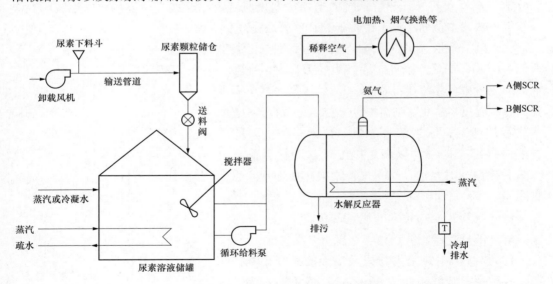

图 4-3　尿素水解技术流程图

2. 催化水解制氨

尿素催化水解技术是在尿素普通水解的基础上，提出的一种较快速制氨技术。反应速度较传统水解法提高约 9 倍以上。催化剂的主要作用是通过改变反应路径，从而大大

加快反应速率，负荷响应速度达 10%/min。催化水解技术是基于缩短尿素水解反应时间，降低相关设备造价基础上研发的。

尿素催化水解反应方程式为

$$(NH_2)_2CO+催化剂+H_2O \longrightarrow 中间产物+CO_2\uparrow \qquad (4-5)$$

$$中间产物 \longrightarrow 2NH_3\uparrow+催化剂 \qquad (4-6)$$

综合反应为

$$(NH_2)_2CO+H_2O = CO_2\uparrow+2NH_3\uparrow \qquad (4-7)$$

催化水解工艺使用的反应器也考虑了尿素中杂质、氨基甲酸铵等的排除问题，在杂质累积到一定程度后可手动将其从反应器中排出。实际应用中，杂质外排情况依尿素品质决定，周期由一周一次到一月一次不等，每次排放约 10% 的水解反应器溶液，多次排放后需补充催化剂。尿素催化水解技术示意图见图 4-4。

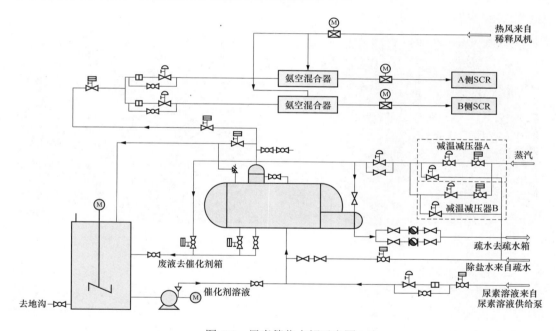

图 4-4　尿素催化水解示意图

三、尿素制氨工艺原理对比

各种尿素生产工艺，都是先将尿素溶解制成 50% 左右浓度的尿素水溶液，将尿素溶液输送到水解器或者热解器中，在反应器内将尿素转化为氨气，再将氨气输送给 SCR 系统，不同的尿素系统的核心及差异在于加热方式、尿素分解方式、水解器/热解炉部分以及是否添加催化剂。热解的反应速度最快且最安全，现场几乎没有储氨的容器，但其能耗和运行费用很高，所以较早进入中国市场，业绩较多，但用户的运行成本压力很大。与热解相比，水解由于采用电厂较为丰富的蒸汽作为热源，能耗较低，且初投资少于热解。2019 年，长治某电厂为保证电厂工作人员及周边居民人身安全，建设安全、绿色、环保型电厂，实现全厂的可持续协调发展，对相关系统进行改造，通过多方调研和比对，将液氨制氨工艺改为尿素制氨工艺，采用尿素催化水解制氨。

4.3 尿素水解系统主要设备

一、卸料、上料设备

卸料、上料系统主要包括气力上料设备和提升机上料设备。图4-5和图4-6分别为尿素提升机和尿素气力上料管线设备示意图。某电厂为每台溶解罐设置一套气力上料输送系统，利用压缩空气顺利输送原料，在不上料时能够与外部严密隔离，同时设置2套斗式提升机，起吊尿素到尿素溶解罐上部，满足溶解罐配置用量，斗提机带插板阀，落料后关闭。斗提机提斗内衬2.5mm 304不锈钢，落料槽内衬2.5mm厚304不锈钢，斗提机入口设有304不锈钢2.5目的滤网，斗提机室内布置，每台斗提机输送能力为10t/h。

图4-5 尿素提升机   图4-6 尿素气力上料管线

二、尿素溶解罐

尿素颗粒经斗提机或气力输送进入尿素溶解罐内溶解50%（WT）的尿素溶液。某电厂尿素车间内设尿素溶解罐2台，单个溶解罐有效容积85m³，单台溶液量满足4台机组满负荷24h用量。在溶解罐中，用除盐水或者疏水与干尿素配置制成50%的尿素溶液。当尿素溶液温度过低时，蒸汽加热系统启动提供制备饱和尿素溶液所需热量，防止特定浓度下的尿素结晶。加热盘管材料采用316L不锈钢。溶解罐除设有液位和温度控制系统外，还采用尿素溶液溶解泵将尿素溶液从储罐底部向侧部进行循环，使尿素溶液更好地溶解混合，溶解泵循环管道上设置密度计。溶解罐由304L不锈钢制造，罐体蒸汽伴热保温。

三、尿素溶液储罐

尿素溶液经由尿素溶液溶解泵输送至尿素溶液储罐。某电厂设置2只尿素溶液储罐，每只有效容积208m³，总容量满足4台机组满负荷运行5天（每天24h）用量设计。储罐采用304L不锈钢制造，加热盘管材料采用316L不锈钢。储罐为立式平底结构，装有液面、温度显示仪、人孔、梯子、通风孔及蒸汽加热装置（存储期间保证尿素溶液温度在 28℃ 以上，浓度为 50% 的尿素溶液的结晶温度为 16.7℃，如水温控制不当会有大量尿素结晶沉淀析出，温度裕量 10℃）等。储罐基础为混凝土结构，储罐放置在室外。储罐为立式平底结构，装有液面及温度指示及变送装置、人孔、回流口、呼吸管、溢流管、排污管、梯子、平台、栏杆、通风孔、安全门、起吊挂钩、蒸汽加热装置（保证溶液温度高于 60% 尿素溶液浓度结晶温度 8℃）、保温等。另外，设置尿素溶液管道伴热系统，尿素溶液管道由蒸汽伴热。

四、尿素溶液溶解泵

尿素溶液溶解泵将尿素溶液由溶解罐送至储罐，如图 4-7 所示。某电厂采用不锈钢本体碳化硅机械密封的离心泵为溶解泵，每台溶解罐设置两台，一运一备，并列布置。尿素溶液溶解泵进口设过滤器。尿素在溶解罐中溶解时，利用混合泵和循环管道将尿素溶液打循环，以获得好的溶解和混合效果。待尿素溶液配置成需要的浓度（1120～1126kg/m³）后，通过溶解泵将尿素溶液打到尿素溶液储罐。泵出口设压力、流量仪表。每台输送泵入口设置 2 个滤网，滤网通流面积不低于管径面积 3.5 倍，且滤网便于更换和清洗。

图 4-7　尿素溶解泵

五、尿素溶液输送泵

尿素溶液输送泵（见图 4-8）是将尿素溶液由储罐输送至水解器。某电厂共有 3 台催化水解器设置 3 台输送泵，2 运 1 备。2 台泵的出力为 4 台锅炉满负荷工况下氨耗量的尿素溶液，输送泵还利用储存罐所配置的循环管道将尿素溶液进行循环，以获得更好混合，并设压力、流量仪表。背压控制阀、背压控制回路能调节尿素溶液输送泵为计量装置供应尿素所需的稳定流量和压力，背压控制阀设置 1 套。泵材质采用 316L 不锈钢，采用进口 ABB 变频器调节，容量按照锅炉满负荷运行需要的尿素溶液量设计。尿素溶液输送泵采用离心泵，每台泵配置 2 个过滤器，滤网通流面积不低于管径面积 3.5 倍，过滤器要便于清扫、拆装方便。

图 4-8　尿素溶液输送泵

六、尿素催化水解器

在尿素催化水解器，尿素溶液被水解成氨气、水、二氧化碳的混合物。水解器加热方式分为直接加热和间接加热。某电厂采用间接加热方式，浓度约 50% 的尿素溶液被输送到尿素催化水解反应器内，饱和蒸汽通过盘管的方式进入尿素催化水解反应器，饱和蒸汽不与尿素溶液混合，通过盘管回流，冷凝水由疏水箱、疏水泵回收。

某电厂设置两大一小 3 台催化水解器，大催化水解器供氨量不少于 720kg/h，小催化水解器供氨量不少于 420kg/h。催化水解运行时，采取两运一备运行模式，备用尿素催化水解器出口通过阀门与投运催化水解器相连。每台催化水解器出口各引出两根供氨母管分别送至对应机组两台炉脱硝供氨系统，两根管路之间设置联络门，实现供氨管路互备。两大一小 3 台水解器中，一台大水解器作为备用，常用的两台水解器出口各引出 2 条供氨母管通往各自机组，2 条母管互为备用；备用水解器只通过阀门与常用水解器连接，不单独再引出管道，一共 4 条母管。

尿素催化水解反应器内的尿素溶液浓度选用 50%，气液两相平衡体系的压力为 0.35～0.6MPa，温度为 130～160℃。尿素催化水解反应器中产生出来的含氨气体与热的稀释风在氨气—空气混合器处稀释，最后进入氨气—烟气混合系统。

尿素催化水解反应器本体材质采用 316L 不锈钢，不需要额外添加压缩空气等防腐措施即满足使用需求。与尿素溶液接触的阀门采用 304L 不锈钢，与催化水解产物接触的阀门采用 316L 不锈钢。同时设置 1 只催化剂溶解罐，催化剂箱上面设置磁翻板液位计、温度计，并配有一台催化剂溶解泵。尿素催化水解器模块上所有尿素溶液和氨气管线均设置电伴热系统。催化水解器集成氨气管道自动清洗吹扫装置。催化水解器上设有温度、压力、液位测点。尿素催化水解反应器系统正常运行时无贫液返回。尿素催化水解反应器模块须设置 4 级安全保护措施（包括关断蒸汽输入、泄放催化水解器内气相压力、泄放催化水解器内液相溶液、安全阀起跳、爆破片爆破等）。

七、氨气计量模块

氨气计量模块用于机组喷氨量的监视和控制。某电厂液氨改为尿素后，拆除原有计量模块。在每台机组新设置 2 套氨气计量模块，氨气计量模块对进入 A/B 两侧烟道 SCR 反应器的氨气流量进行调节，以满足脱硝装置在锅炉 30%BMCR～100%BMCR 之间任何负荷运行的要求。氨气调节模块需设置电伴热系统，流量调节模块包含自动关断阀、调节阀组、质量流量计、温度测点、电伴热系统等。

八、氨气泄漏检测器

氨气泄漏检测器用于检测氨气泄漏情况。某电厂《工作场所有毒气体检测报警装置设置规范》要求，在尿素催化水解区安装氨气泄漏检测探头不少于 6 个，在每台机组的 SCR 区增设氨气泄漏检测探头不少于 2 个。

九、辅助系统

1. 伴热系统

为了防止水解器出口混合气体结晶，尿素溶液输送管道上设置伴热系统。伴热蒸汽为厂用辅助蒸汽，保证催化水解反应器后的气氨输送管道合理伴热及保温，保证氨喷射系统前的温度不低于 120℃。同时，尿素溶解罐、溶液储罐和催化水解反应器也采用蒸汽供热。蒸汽疏水一部分用于尿素溶液管道伴热，另一部分进入疏水箱，疏水箱中的疏水用于尿素溶液配制和管道冲洗，疏水箱溢流进入地坑。

2. 水冲洗系统

在尿素溶液管道上设置完善的水冲洗系统，消除尿素溶液结晶的影响。冲洗水最终回到尿素溶解罐。

3. 加热蒸汽及疏水回收系统

尿素溶解罐和溶液储罐采用蒸汽加热系统，尿素溶液管道采用蒸汽伴热系统。在水解区均设有两台减温减压站，一运一备，将由辅助蒸汽系统来的蒸汽减至尿素水解所需的温度（165℃）和压力（0.7MPa）。在运行工况下，催化水解反应器、溶解罐、溶液储罐的蒸发疏水回收至疏水箱，疏水箱设置由两台疏水泵，疏水泵为一用一备。疏水由疏水泵送至尿素溶解罐溶解尿素颗粒，或者冲洗尿素溶液管道。多余的疏水送至机组定排坑或者溢流至地坑。

4. 氨气吸收、废水排放设施

氨气吸收、废水排放设施一般为一定容积的地坑，设置在尿素车间外。地坑液位由废水泵、进水管和液位计联锁控制，氨气通过地坑顶部喷淋水和进水吸收。系统排放的废氨气由管线汇集后从吸收地坑底部进入，通过分散管将氨气分散入吸收地坑水中，利用水来吸收安全阀排放的氨气。

5. 蒸汽吹扫系统

在催化水解气输送管道上设置的蒸汽吹扫系统，作为系统管路停备时氨气置换使用，蒸汽采用厂用辅助蒸汽。

4.4　尿素水解系统的运行参数监测与控制

正常运行情况下，反应器系统的正常操作由 DCS 控制。DCS 具有监测、手动操作、自动控制、高低位报警、自动停车联锁功能。反应器耗块正常运行后可实现自动控制，操作参数出现异常 DCS 会自动发出警报，由 DCS 操作员根据现场情况，确定进行维修或者紧急停车。

一、反应器系统伴热温度设定表

在启动反应器本体之前，应先投入管道的电伴热自控系统，系统运行期间电伴热系统禁止停运。某电厂尿素系统各管道的伴热温度设定如表 4-2 所示。

表 4-2　　　　　　　　　　　　　管道伴热温度设定值

管道仪表	单位	介质温度	伴热温度
除盐水、尿素溶液管道	℃	50～80	50
废液排放管道、仪表	℃	130～140	120
催化剂溶液管道	℃	130～140	120
废气排放管道	℃	130～140	120
氨气管道	℃	130～140	130
蒸汽、疏水管线	℃	130～140	120
说明	以除盐水管道为例，如果温度低于 70−2=68℃，伴热自动开始工作，如果温度高于 70+2=72℃，伴热自动停止工作		

二、反应器控制参数

反应器相关参数的报警值设置见表 4-3，反应器操作参数运行设定值见表 4-4。

表 4-3　　　　　　　　　　　　　反应器参数报警值

警报	设置
反应器（检测到有渗漏）	压力<0.15MPa 和温度>135℃
反应器液位［高］	>1200mm
反应器液位［高-高］	>1100mm
反应器液位［低］	<900mm
反应器液位［低-低］	<800mm
反应器压力变化率［变化率］	0.02MPa/min
反应器压力［低］	<0.4MPa
反应器压力［低-低］	<0.3MPa
反应器压力［高］	>0.7MPa
反应器压力［高-高］	>0.8MPa
反应器［气相泄压压力］	>0.9MPa
反应器【液相泄压压力】	>1.0MPa
反应器［爆破阀动作压力］	>1.2MPa
反应器温度［低］	<120℃
反应器温度［低-低］	<115℃

续表

警报	设置
反应器温度［高］	>150℃
反应器温度［高-高］	>155℃

表 4-4　　　　　　　反应器操作参数设定值

定位点	设置
反应器液位［设定值］	1000mm
反应器初始液位［除盐水设定值］	650mm
反应器压力［P1］（可以喷氨压力）	0.4MPa
反应器氨气出口压力［P2］（喷氨时压力）	0.5MPa
反应器压力 PSTOP［停运压力值］	0.15MPa
反应器温度［T1］（加热状态）	45℃
反应器温度［T2］（加热状态）	65℃
反应器温度［T3］（加热状态）	95℃
反应器温度［T4］（加热状态）	115℃
反应器温度［T5］（停止运行保护值）	115℃
反应器温度［T6］（正常运行温度）	130～150℃

三、各箱罐控制参数

尿素水解系统涉及的各箱罐运行参数的报警值，见表 4-5。

表 4-5　　　　　　　各箱罐设备运行参数报警值

定位点	设置
地坑液位［低］	1000mm
地坑液位［低-低］	600mm
地坑液位［高］	1200mm
地坑液位［高-高］	2700mm
疏水箱液位［低］	1000mm
疏水箱液位［低-低］	800mm
疏水箱液位［高］	3000mm
疏水箱液位［高-高］	3200mm
尿素溶解罐液位［低］	700mm
尿素溶解罐液位［低-低］	520mm
尿素溶解罐液位［高］	2500mm
尿素溶解罐液位［高-高］	2700mm
尿素溶解罐温度［低］	45℃

定位点	设置
尿素溶解罐温度［低-低］	40℃
尿素溶解罐温度［高］	50℃
尿素溶解罐温度［高-高］	65℃
尿素溶液储存罐液位［低］	1000mm
尿素溶液储存罐液位［低-低］	500mm
尿素溶液储存罐液位［高］	7000mm
尿素溶液储存罐液位［高-高］	7500mm
尿素溶液储存罐温度［低］	45℃
尿素溶液储存罐温度［低-低］	40℃
尿素溶液储存罐温度［高］	50℃
尿素溶液储存罐温度［高-高］	65℃
减温减压器压力［低］	0.6MPa
减温减压器压力［高］	0.8MPa
减温减压器压力［设定值］	0.7MPa
减温减压器温度［低］	155℃
减温减压器温度［高］	175℃
减温减压器温度［设定值］	165℃

四、尿素配制系统控制参数

尿素配制系统相关运行参数的报警值设置见表4-6。

表4-6　　　　　　　尿素配制系统的各参数报警值

项目	最小/最大	数值	单位	动作
尿素溶解罐液位	>	2400	mm	联锁关除盐水补水阀（可设定）
尿素溶解罐液位	>	2400	mm	联锁关疏水来水气动阀（可设定）
尿素溶解罐液位低	<	520	mm	保护停#1尿素溶解泵
	<	520	mm	保护停2号尿素溶解泵
尿素溶解罐液位	>	700	mm	联锁启1号尿素溶解罐搅拌器（AND）
尿素溶解罐温度	>	40	℃	
尿素溶解罐液位	<	700	mm	保护停1号尿素溶解罐搅拌器
尿素溶解罐温度（配置）	>	50℃		联锁关1号尿素溶解罐蒸汽气动阀
	<	40℃		联锁开1号尿素溶解罐蒸汽气动阀
尿素溶解罐液位不低	>	600mm		允启1号/2号尿素溶解泵
1号尿素溶解泵停止		联锁投入		联锁启动2号尿素溶解泵
2号尿素溶解泵停止		联锁投入		联锁启动1号尿素溶解泵

续表

项目	最小/最大	数值	单位	动作
尿素溶解罐液位低	<	520mm		保护停 1 号/2 号尿素溶解泵（OR）
尿素溶液储存罐液位	>	7500mm		
配制车间地坑液位	>	1200mm		联锁启废水泵 2 号/1 号
	预选泵 1 号/2 号停止	联锁投入		
	<	600mm		保护停 1 号/2 号废水泵
斗提机启允许		溶解罐进料阀已开		
斗提机联锁停		溶解罐进料阀已关		
1 号溶解罐进料阀关允许		1 号斗提机未运行		
2 号溶解罐进料阀关允许		2 号斗提机未运行		
1 号或 2 号尿素溶液储罐液位	>	1000mm		允许启 1 号、2 号、3 号尿素输送泵
1 号和 2 号尿素溶液储罐液位	<	500mm		保护停 1 号、2 号、3 号尿素输送泵
联锁启动 1 号尿素输送泵		联锁投入		2 号或 3 号尿素输送泵运行状态消失
联锁启动 2 号尿素输送泵		联锁投入		1 号或 3 号尿素输送泵运行状态消失
联锁启动 3 号尿素输送泵		联锁投入		1 号或 2 号尿素输送泵运行状态消失

5

SCR 脱硝喷氨总量控制

5.1 喷氨总量控制的主要影响因素

喷氨总量控制指的是通过调整喷氨母管上调节阀来改变喷氨总体流量，实现

脱硫出口净烟气氮氧化物排放达到环保标准，同时满足氨逃逸在规定的范围内。当喷入氨气流量过多时，会产生严重的氨逃逸问题，一方面会增加脱硝控制系统的运行成本，另一方面多余的 NH_3 会与烟气反应产生硫酸氢氨化合物，堵塞空气预热器，影响其使用寿命，并为燃煤机组的运行带来安全隐患。当喷入氨气流量过少时，不能完成脱硝任务，使得燃煤机组 NO_x 排放浓度超标，影响周边空气质量的同时也会使燃煤机组环保考核不达标，因此 SCR 脱硝系统喷氨总量的精准控制是脱硝系统安全、经济运行的重要保障。

目前，脱硝控制系统的设计基本以额定工况为出发点，机组在额定工况下稳定运行，脱硝自动控制系统一般能取得较好的控制效果，但在变工况运行下，由于 NO_x 浓度测量信号存在时滞和脱硝系统呈现出的大惯性、非线性等特征，使得脱硝控制系统难以自动运行。影响脱硝控制系统的因素涉及多个方面，包括测量参数的准确性、控制策略的合理性、催化剂性能、执行机构动作的准确性，以及机组运行工况等。从控制系统设计角度看，主要的影响因素有以下 3 个：

(1) 反应器入口 NO_x 浓度测量存在较大的时滞。入口 NO_x 浓度是决定喷氨总量的重要因素之一，当入口 NO_x 浓度波动幅度大且波动较频繁时，由于入口 NO_x 浓度测量信号存在时滞，喷氨量依赖入口 NO_x 浓度测量信号进行相应的调节，从而导致了 SCR 入口氨氮摩尔比不合理，使得 SCR 出口 NO_x 波动幅度大，甚至出现超标现象。

(2) 烟气流量信号准确性差。烟气流量越大对应的喷氨量越大，这样才能保证氨氮摩尔比的准确性。然而，目前很难有满足控制要求的、较为精确的大型烟气测量装置，尤其是在进行 SCR 脱硝改造后，锅炉烟道布置短且不规则，因而无法满足一般流量测量装置对管道的要求，而且一般测量装置很难使用在这样高烟温、粉尘多、腐蚀性大的烟道中，从而带来了烟气流量测量的难度。烟气流量测量的准确性是制约脱硝控制系统的又一重要因素。

(3) SCR 脱硝系统是一类典型的大迟延、大惯性、多扰动非线性系统，由于控制作用无法及时地影响系统的输出信号，使得控制器难以迅速地对施加到被控对象的扰动做出反应，导致控制系统调节速度慢、超调量增大。大迟延、大惯性系统的控制一直以来

都是自动控制领域的难点，因此，针对 SCR 脱硝系统的被控对象特性，设计合理的控制策略是脱硝控制系统稳定运行的保证。

通过综合考虑多种影响因素，并通过设计先进智能的控制系统对喷氨量进行实时调整，才能保证 SCR 系统高效、稳定的脱硝效果，同时将氨逃逸和运行成本降至最低。

5.2 传统喷氨总量控制策略

一、固定氨氮摩尔比控制

燃煤机组 SCR 脱硝系统的脱硝原理表明，喷入 SCR 反应器的 NH_3 与烟气中的 NO_x 反应过程基本保持 1:1 的摩尔质量比例进行反应，固定氨氮摩尔比控制以此为基础，使用折算为标准氧量下的 SCR 反应器入口 NO_x 浓度测量值与 SCR 反应器出口 NO_x 浓度设定值做差，求得所需脱除的 NO_x 浓度；然后使用所需脱除的 NO_x 浓度与当时的烟气流量相乘，得到所需脱除的 NO_x 质量后除以 NO_x 的摩尔质量，乘以摩尔比加权系数，得到脱除 NO_x 所需的 NH_3 的摩尔量；最后，使用所需 NH_3 的摩尔量乘以 NH_3 的摩尔质量，就可以得到喷氨量的大小。整个计算过程如式（5-1）所示。

$$Q_{NH_3} = \frac{(C_{NO_x} - R) \times F \times k \times m_{NH_3}}{m_{NO_x}} \tag{5-1}$$

式中　　Q_{NH_3}——喷氨流量；

　　　　C_{NO_x}——折算后的 SCR 反应器入口 NO_x 浓度；

　　　　R——SCR 反应器出口 NO_x 浓度设定值；

　　　　F——烟气流量；

　　　　k——摩尔比例系数；

m_{NO_x} 和 m_{NH_3}——NO_x 和 NH_3 的摩尔质量。

SCR 反应器出口 NO_x 浓度的设定值由运行人员进行设定。入口 NO_x 浓度与烟气流量都由实际设备实时测量。摩尔比例系数通常设定在 1～1.2 之间，整定后不再改变。国家环保局规定 NO_x 浓度以 NO_2 浓度来折算，NO_x 的摩尔质量为 46，NH_3 的摩尔质量为 17。SCR 脱硝系统固定摩尔比控制计算过程 SAMA 图如图 5-1 所示。

这种控制方式优点在于比较简单、易实现，其本质上是一个开环系统，由于氨氮摩尔比为固定值，当机组处于快速深度变负荷工况或 SCR 系统反应器反应条件发生变化，如催化剂活性下降或流场发生变化时，该控制方法下 SCR 出口 NO_x 浓度无法稳定在一个固定值上，容易造成排放超标，为电厂带来不必要的经济损失。同时，该方法也难以控制氨逃逸量，而氨逃逸会对下游设备的安全稳定运行造成不利影响。

二、固定出口 NO_x 浓度控制

固定出口 NO_x 浓度的策略是将出口 NO_x 浓度设为定值，其控制方式是将实测的出口 NO_x 浓度和设定值一起输入到 PID 控制器中，根据实测值与设定值的偏差对 SCR 系统中的喷氨调节阀门进行控制，主要目的在于将出口 NO_x 浓度限定在一个范围，其控制逻辑

如图 5-2 所示。

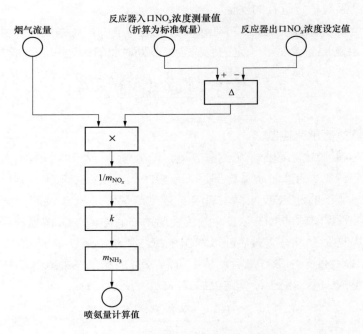

图 5-1　常规固定摩尔比控制 SAMA 图

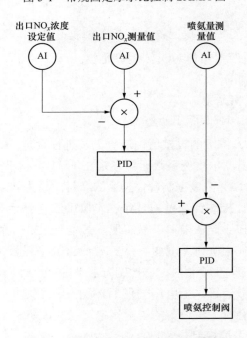

图 5-2　固定出口 NO_x 浓度控制逻辑图

　　这种控制方式也是一种简单的串级控制系统，其 PID 参数整定也比较简便，相比于固定摩尔比其脱硝效率更容易掌握和监控，但是这种控制方式也有很大的不足，由于 SCR

脱硝过程具有大惯性和大迟延特定，当出口 NO_x 的浓度变化时，再通过 PID 进行校正控制，存在控制不及时问题，会导致出口 NO_x 波动过大，甚至超标。

三、出口 NO_x 浓度复合控制

出口 NO_x 的复合控制策略是对固定摩尔比和固定出口 NO_x 浓度两种控制策略的一种结合改进方案，其氨氮摩尔比不再是一个定值，而是根据入口 NO_x 和给定的出口 NO_x 浓度值计算而得，其控制逻辑如图 5-3 所示。

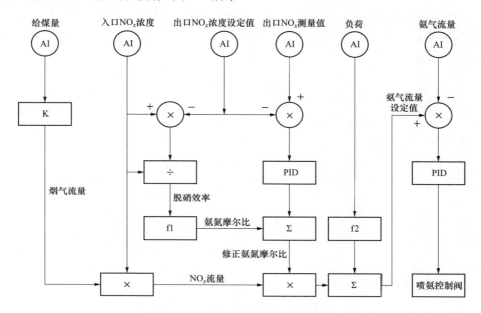

图 5-3　出口 NO_x 的复合控制逻辑图

根据图 5-3 可以看到，其控制逻辑主要包含两个控制回路。一个是用于计算氨氮摩尔比，通过入口 NO_x 浓度值与出口 NO_x 的设定值计算出反应器脱硝效率，进而计算出不同脱硝效率下的氨氮摩尔比，进而得到预置摩尔比，同时将出口 NO_x 的实测值与设定值输入到 PID 控制器中，求得的输出对预置摩尔比进行修正得到系统当前所需的摩尔比；另一个回路是用于计算喷氨量，将烟气流量与上一个回路计算出的摩尔比进行乘积，得到所需的喷氨量，同时增加了负荷的前馈，用于对喷氨量进行修正得到喷氨量的理论计算值，与喷氨量的实测值同时输入到另一个 PID 控制器中对喷氨阀门进行调节。

在应用过程中，出口 NO_x 浓度复合控制方法需要辨识包括脱硝效率与氨氮摩尔比、脱硝效率与 SCR 入口 NO_x 浓度在内的多条修正曲线才能满足控制系统对喷氨量实时、准确控制的要求。但是，修正曲线的求取过程比较复杂，而且通过曲线修正喷氨量的计算过程也比较繁琐，在计算修正摩尔比时容易产生误差。虽然这种控制方法可以将 SCR 出口 NO_x 浓度控制在一个稳定值上下，但在实际应用中，由于 SCR 出、入口 NO_x 浓度有较长时间的读取延迟，导致控制动作滞后，从而对控制品质造成不利影响。此外，锅炉负荷的波动以及煤种的变化也会导致 SCR 入口 NO_x 浓度发生大范围的波动，增加控制难

度，影响控制效果。因此，在实际应用中，其控制效果并不理想。

5.3 基于信号重构的喷氨总量前馈补偿控制

一、SCR 入口 NO$_x$ 浓度动态预估

1. SCR 入口 NO$_x$ 浓度测量时滞分析

目前，燃煤机组 SCR 脱硝系统一般都采用了抽取式的烟气连续监测系统（Continuous Emission Monitoring System，CEMS）实时测量烟气中的 NO$_x$ 浓度。CEMS 系统结构示意图如图 5-4 所示。

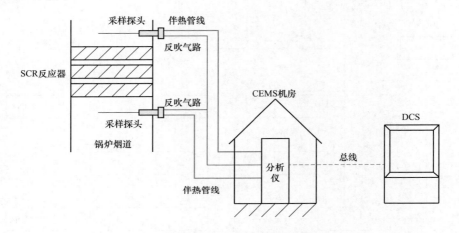

图 5-4 CEMS 系统结构示意图

CEMS 机房通常安装在距离锅炉采样点较远的位置。通过在锅炉烟道需要测量的位置安装采样探头，然后通过伴热管线将分析仪表与锅炉之间连接起来。分析仪表不断从采样探头抽取少量烟气，烟气随着伴热管线进入到分析仪中，分析仪将测量得到的 NO$_x$ 浓度信号转换为 4～20mA 的电流信号，通过传输总线送入分布式控制系统（Distributed Control System，DCS）中。由于伴热管线较长，烟气取样时间也较长，再加上分析仪表测量速度缓慢，导致燃煤机组 SCR 脱硝系统中 NO$_x$ 的测量存在较大的滞后（通常可以达到 60～180s 以上）。测量系统滞后导致 SCR 脱硝控制系统具有极大的纯迟延，加之烟气中 NO$_x$ 变化非常剧烈，使得 SCR 脱硝控制系统控制难度大大增加。

2. SCR 入口 NO$_x$ 浓度动态预估

为了预测燃煤机组 SCR 反应器入口 NO$_x$ 浓度，则需要建立燃煤机组 NO$_x$ 排放的动态模型。动态模型是指系统状态随时间而变化的系统或者按确定性规律随时间演化。对于任意一个动力学系统，通常都可以用非线性自回归（Nonlinear Auto-regressive with Exogenous Input，NARX）模型结构来描述。NARX 模型结构如式（5-2）所示。

$$y(t) = f\left[y(t-1), \cdots, y(t-m), x(t), \cdots, x(t-n)\right] + e(t) \tag{5-2}$$

式中　$f(\cdot)$——某一个线性、非线性函数；

$y(t-i)$ —— $t-i$ 时刻系统输出的观测值，其中，$i=0,1,2,\cdots,m$；

$x(t-j)$ —— $t-j$ 时刻系统输入的观测值，其中，$j=0,1,2,\cdots,n$；

$e(t)$ —— t 时刻的白噪声；

n 和 m —— 系统输入变量与输出变量的最大阶次。

由锅炉燃烧机组分析可知，影响 SCR 反应器入口 NO_x 浓度的主要因素是锅炉给煤量与总风量。依据式（5-2）所示的 NARX 模型结构，可以确定 SCR 反应器入口 NO_x 浓度预测模型的结构如式（5-3）所示。

$$c_n(t) = g[c_n(t-1),\cdots,c_n(t-m),q_f(t),\cdots,q_f(t-n_1),m_c(t),\cdots,m_c(t-n_2)]+e(t) \qquad (5\text{-}3)$$

式中 $g(\cdot)$ —— 某一个线性、非线性函数；

c_n、 q_f 和 m_c —— SCR 反应器入口 NO_x 浓度预测值、总风量和给煤量。

m、n_1 和 n_2 —— SCR 反应器入口 NO_x 浓度、总风量和给煤量的阶次。

燃煤机组锅炉煤炭燃烧过程非常复杂，是一个非常复杂的非线性过程，很难通过燃烧过程机理和经验轻易找到一个简单的函数精确代表 $g(\cdot)$。人工智能算法模型可以对复杂非线性方程有很好的拟合精度，所以目前关于 SCR 反应器入口 NO_x 浓度预测的研究都集中在基于数据驱动的人工智能算法建模。但是人工智能算法往往都需要极大的运算量，这使得现场过程控制系统难以使用这些模型进行实时预测。而 CEMS 测量精确度十分可靠，所以没有必要完全抛弃测量出的数据建立一个复杂的软测量动态模型。虽然 SCR 反应器入口 NO_x 是一个非线性系统，但是只是在多步动态预测时，就可以用一个简单的线性函数来拟合。因此，只需建立一个基于测量数据的多步动态预测模型，即可应用于 SCR 脱硝控制系统。基于测量数据的多步动态预测模型的预测输出如式（5-4）所示。

$$c_n(t+w) = \sum_{i=1}^{m} a_i \tilde{c}_n(t-i) + \sum_{j=1}^{n_1} b_j q_f(t-j) + \sum_{k=1}^{n_2} c_k m_c(t-k) + e(t) \qquad (5\text{-}4)$$

式中 $\tilde{c}_n$ —— CEMS 测量得到的 SCR 反应器入口 NO_x 浓度；

w —— 反应器入口 NO_x 浓度预测步数；

a_i、b_j 和 c_k —— SCR 反应器入口 NO_x 浓度、总风量和给煤量的加权系数；

e —— 残差。

但是 CEMS 测量时存在定时吹扫，每当吹扫时测量停止就无法继续得到 SCR 反应器入口 NO_x 的浓度。燃煤机组通常都要将烟道分为 A、B 两侧，每侧都会分别配备 SCR 脱硝系统、CEMS 仪表。而通常情况下，CEMS 仪表都会设置异步吹扫，即当 A 侧烟道的 CEMS 仪表吹扫时，B 侧烟道仍然在进行 NO_x 浓度测量，B 侧烟道吹扫亦然。而 A、B 侧的烟气都是同步来自燃煤机组锅炉，被烟气挡板一分为二进入不同的尾部烟道。A、B 两侧的 NO_x 浓度因为实际的烟气流量大小的不同可能并不相同，但是 A、B 两侧的 NO_x 浓度变化趋势是相同的。当 A 侧烟道开始吹扫时，就可以在 A 侧 NO_x 浓度保持值的基础上加上 B 侧 NO_x 浓度的变化值。A 侧烟道 SCR 反应器入口 NO_x 浓度修正计算过程如式（5-5）所示。

$$\tilde{c}_{An}(t)=\begin{cases}c_{An}(t) & \text{A侧没有吹扫时}\\c_{An}(t)+k_A\Delta c_{Bn} & \text{A侧吹扫时}\end{cases} \quad (5\text{-}5)$$

式中　c_{An}——烟道 A 侧 SCR 反应器入口 NO_x 浓度测量值；

　　　Δc_{Bn}——当前烟道 B 侧 SCR 反应器入口 NO_x 浓度测量值与烟道 A 侧开始吹扫时烟道 B 侧 SCR 反应器入口 NO_x 浓度测量值之间的差值；

　　　$\tilde{c}_{An}(t)$——烟道 A 侧 SCR 反应器入口 NO_x 浓度的修正值；

　　　k_A——烟道 A 侧修正加权系数。

烟道 B 侧 SCR 反应器入口浓度的修正过程与 A 侧类似，此处不再赘述。这样，当确定了反应器入口 NO_x 浓度预测步数和 SCR 反应器入口 NO_x 浓度、总风量和给煤量的阶次时，就可以确定出多步预测模型的系统结构，即可以使用最小二乘法或者类似的寻优方法来确定 SCR 反应器入口 NO_x 浓度、总风量和给煤量的加权系数。

现假设有 N 组（5-4）所示系统的输入、输出数据，则有

$$\theta=\begin{bmatrix}a_1 & \cdots & a_m & b_1 & \cdots & b_{n_1} & c_1 & \cdots & c_{n_2}\end{bmatrix}^T$$

$$Y=\begin{bmatrix}c_n(w) & c_n(w+1) & \cdots & c_n(w+N-1)\end{bmatrix}^T$$

$$E=\begin{bmatrix}e(0) & e(1) & \cdots & e(N-1)\end{bmatrix}^T \quad (5\text{-}6)$$

$$X=\begin{bmatrix}\tilde{c}_n(m)\cdots\tilde{c}_n(1) & q_f(n_1)\cdots q_f(1) & m_c(n_2)\cdots m_c(1)\\\tilde{c}_n(m+1)\cdots\tilde{c}_n(2) & q_f(n_1+1)\cdots q_f(2) & m_c(n_2+1)\cdots m_c(2)\\\cdots & \cdots & \cdots\\\tilde{c}_n(m+N-1)\cdots\tilde{c}_n(N) & q_f(n_1+N-1)\cdots q_f(N) & m_c(n_2+N-1)\cdots m_c(N)\end{bmatrix}$$

式中　θ——需要估计的参数向量；

　　　Y——输出向量；

　　　E——残差向量；

　　　X——输入数据矩阵。

此时，可以将式（5-4）重新表示为式（5-7）的形式，即

$$Y=X\theta+E \quad (5\text{-}7)$$

现选取误差指标函数，即

$$Q=\sum_{i=1}^{N}e^2(k)=E^T E \quad (5\text{-}8)$$

则使指标 Q 达到极小的参数，即为所需估计参数的最优值。将式（5-7）代入式（5-8）中，可以得到

$$Q=(Y-X\theta)^T(Y-X\theta)=Y^T Y-\theta^T X^T Y-Y^T X\theta+\theta^T X^T X\theta \quad (5\text{-}9)$$

将 Q 关于 θ 求导，可以得到

$$\frac{\partial Q}{\partial\theta}=-2X^T Y+2X^T X\theta \quad (5\text{-}10)$$

令式（5-10）等于 0，可以解得最优参数，即

$$\theta = (X^{\mathrm{T}}X)^{-1}X^{\mathrm{T}}Y \tag{5-11}$$

这样，就得到了基于实时测量数据的 SCR 反应器入口 NO_x 多步预测模型中的最优参数。这里要求 $X^{\mathrm{T}}X$ 非奇异，现场运行数据可以很容易满足该要求。

二、锅炉烟气流量在线估计

燃煤机组 SCR 脱硝控制系统中，需要使用烟气流量确定烟气中需要脱除的 NO_x 含量。尾部烟道烟气流场非常复杂，要想实时精确测量烟气流量非常困难。尾部烟气是由送入锅炉的风产生的，二者之间必然存在直接关系，而送风机处管道均匀，空气流场正常，可以准确测量风量的大小，所以可以使用燃煤机组总风量对烟气流量进行在线估计。建立总风量与烟气流量之间的模型，则需要拥有烟气流量的精确数据。但是烟气流量难以精确测量，使得分析建立总风量与烟气流量之间的关系变得十分困难。

固定摩尔比控制中，喷氨量的计算式如（5-1）所示。从式（5-1）中也可以推断出，SCR 脱硝过程中消耗的 NH_3 的摩尔量与脱除的 NO_x 的摩尔量相同。将式（5-1）中 SCR 反应器出口 NO_x 给定值转换为实际 SCR 反应器出口 NO_x 浓度，得到式（5-12），即

$$F = \frac{k \times m_{NO_x} \times Q_{NH_3}}{(C_{NO_x} - Y_{NO_x}) \times m_{NH_3}} \tag{5-12}$$

式中　　　　F——烟气流量；

　　　　Q_{NH_3}——喷氨流量；

C_{NO_x}、Y_{NO_x}——SCR 反应器入口 NO_x 浓度和 SCR 反应器出口 NO_x 浓度实际测量值；

　　　　k——反应效率系数；

m_{NO_x}、m_{NH_3}——NO_x 和 NH_3 的摩尔质量。

式（5-12）中，首先使用喷氨量除以 NH_3 的摩尔质量，得到了使用的 NH_3 的摩尔量，然后使用 NH_3 的摩尔量乘以脱硝反应效率系数 k，得到脱除的 NO_x 的摩尔量，乘以 NO_x 的摩尔质量，得到了脱除的 NO_x 的质量，最后使用脱除的 NO_x 的质量除以烟气中 NO_x 浓度下降的量，得到了当时烟气流量的估算值。利用这个烟气流量的估计值，就可以进行烟气流量软测量。

假设，总风量与预测的烟气流量之间的关系为

$$f_1(t) = \sum_{i=1}^{m} a_i f_1(t-i) + \sum_{j=1}^{n} b_i f_2(t-j) + e(t) \tag{5-13}$$

式中　　f_1、f_2——预测的烟气流量和锅炉总风量；

　　　a_i、b_j——烟气流量和总风量的加权系数；

　　　　e——残差。

另外，基于总风量的烟气流量软测量模型也可以使用最小二乘法利用历史数据得出。

三、喷氨总量前馈控制策略的形成

通过利用常规的固定摩尔比控制思想，分别设计了 SCR 反应器入口 NO_x 浓度预测、烟气流量在线估计过程，完成了 SCR 脱硝控制系统的前馈补偿控制策略的设计。

前馈补偿控制设计过程如下：首先，当燃煤机组锅炉烟道 A、B 两侧测量仪表吹扫时，分别利用另一侧烟气中 NO$_x$ 浓度的变化值修正吹扫时仪表的测量值，否则不做修改；然后，使用测量得到的反应器入口 NO$_x$ 浓度、总风量和给煤量，利用预测模型预测多个时刻后反应器入口的 NO$_x$ 浓度；同时，使用总风量，利用烟气流量软测量模型预测锅炉烟道中的实际烟气流量；最后，通过使用预测得到的反应器入口的 NO$_x$ 浓度和烟气流量，按式（5-1）计算得到此时的喷氨流量计算值前馈控制信号。

5.4 基于模型预测的喷氨总量反馈校正控制

一、概述

SCR 脱硝系统是一类典型的大迟延、大惯性非线性系统。由于控制效果无法及时地影响系统的输出信号，使得控制器难以迅速地对施加到被控对象的扰动做出反应，导致控制系统调节速度慢、超调量增大。大迟延、大惯性系统的控制一直以来都是自动控制领域的难点。目前，常用的自动控制控制方法有 PID 控制、Smith 预估控制、内模控制和模型预测控制等。

1. PID 控制

PID 控制是比例、积分、微分控制的简称，是工业过程中应用最为广泛的一种自动控制器。比例控制可以在被控对象输出与给定值之间产生偏差时产生控制信号，积分控制是被控对象输出与给定值之间的偏差在时间上的积分产生的控制信号，微分控制是被控对象输出与给定值之间的偏差的变化速度产生的控制信号。理想中的 PID 控制传递函数为

$$\frac{U(s)}{E(s)} = K_p\left(1 + \frac{1}{T_i s} + T_d s\right) \tag{5-14}$$

式中 U、E——控制器输出控制量和控制器输入偏差；
K_p、T_i、T_d——比例增益、积分时间和微分时间。

从式（5-14）可以发现，理想中的 PID 控制中出现了纯微分环节，这在工程上是无法实现的，所以实际的 PID 控制如式（5-15）所示。

$$\frac{U(s)}{E(s)} = K_p\left(1 + \frac{1}{T_i s} + \frac{T_d s}{1 + K_d T_d s}\right) \tag{5-15}$$

其中，K_d 一般取 0.1～1 之间的数。

PID 控制系统结构图如图 5-5 所示。

PID 控制具有结构简单、参数整定简单、适应性强和鲁棒性强等特点。通常在整定 PID 控制器时，为了加快控制器对扰动的响应速度会增加比例增益并减小积分时间。当过于追求系统的响应速度时，往往会导致控制系统其他指标下降，甚至导致控制系统不再稳定。燃煤机组 SCR 脱硝系统是一个大迟延、大惯性系统，同时对调节速度有着较高的要求。因此，单纯使用它很难保证 SCR 脱硝系统的控制要求。

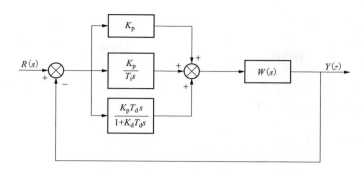

图 5-5 PID 控制结构图

$W(s)$ —被控对象传递函数；$R(s)$ 和 $Y(s)$ —系统的设定值和输出

2. Smith 预估控制

Smith 预估控制算法是一种预估补偿算法，是大迟延系统的一种有效控制方法。通过在反馈回路中加入 Smith 预估器，补偿被控对象中的纯迟延部分，补偿器与被控对象一同构成了没有纯迟延部分的新被控对象。控制器对新被控对象进行控制，由于消除了纯迟延的影响，可以提高调节速度并减小超调量。Smith 预估控制原理如图 5-6 所示。

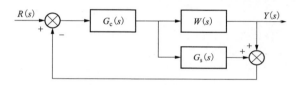

图 5-6 Smith 预估控制原理图

$G_c(s)$、$G_s(s)$ 和 $W(s)$ —PID 控制器、Smith 预估补偿器和被控对象；$R(s)$ 和 $Y(s)$ —系统的设定值和输出

假设被控对象的传递函数如式（5-16）所示。

$$W(s) = \frac{K}{(1+Ts)^n} e^{-\tau s} \qquad (5-16)$$

式中 K、T 和 τ ——比例常数、惯性时间常数和纯迟延常数。

那么被控对象 $W(s)$ 和 Smith 补偿器 $G_s(s)$ 满足式（5-17）。

$$G(s) + W(s) = \frac{K}{(1+Ts)^n} \qquad (5-17)$$

由式（5-16）和式（5-17）可得，被控对象 $W(s)$ 的 Smith 补偿器 $G_s(s)$ 如式（5-18）所示。

$$G(s) = \frac{K}{(1+Ts)^n}(1-e^{-\tau s}) \qquad (5-18)$$

Smith 预估控制需要非常精确的估计模型，估计模型与现场实际过程对象不符合时，控制品质就会非常明显得下降，甚至导致控制系统无法稳定。然而，工业过程中的实际对象往往因其系统的复杂性很难得到精确的估计模型。SCR 脱硝系统具有非线性和不确定性等特点，所以很难对其建立精确的模型，也很难直接将其实施在 SCR 脱硝复合控制中取得较好的效果。

3. 内模控制

内模控制是一种基于过程数据模型进行控制器设计的控制策略，是解决大迟延系统控制的一种有效方法。内模控制的系统结构与 Smith 预估控制的结构有着相似之处，内模控制系统结构图如图 5-7 所示。

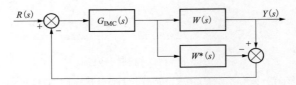

图 5-7　内模控制原理图

$W(s)$ 和 $W^*(s)$ —实际被控对象和估计被控对象；$G_{IMC}(s)$ —内模控制器；

$R(s)$ 和 $Y(s)$ —系统的设定值和输出

此时，内模控制闭环传递函数可以写为式（5-19）。

$$Y(s)=\frac{G_{IMC}(s)W(s)}{1+[W(s)-W^*(s)]G_{IMC}(s)}R(s) \qquad (5-19)$$

所以，估计被控对象模型十分准确时，即 $W(s)=W^*(s)$ 时，式（5-19）可以化简为式（5-20）。

$$Y(s)=G_{IMC}(s)W(s)R(s) \qquad (5-20)$$

要使系统输出完全跟随给定值，即 $Y(s)=R(s)$，故被控对象 $W(s)$ 的理想内模控制器如式（5-21）所示。

$$G_{IMC}(s)=\frac{1}{W(s)} \qquad (5-21)$$

因为现实存在的对象都有纯迟延和惯性，所以理想的内模控制器中出现了高阶微分环节和纯超前环节，这在物理上是无法实现的。为了实现内模控制，工业上经常使用高阶传递函数来拟合实际被控对象近似消除纯迟延，之后在内模控制前串联一个静态增益为 1 的低通滤波器，使得内模控制器可以实现。

虽然内模控制不需要精确的对象模型就可以实现，但由于强微分作用，使得控制器的输出往往会出现大幅度快速变化，这在现场生产过程中是难以实现的。通过增加低通滤波器的时间常数，可以降低内模控制响应输出，但是同时也降低了控制器调节时间。一般情况下，内模控制很难直接应用于燃煤机组 SCR 脱硝控制系统。

4. 模型预测控制

模型预测控制（Model Predictive Control，MPC）是一种计算机控制算法被广泛应用于工业过程领域。MPC 具有相当高的抗干扰和克服对象非线性、大惯性、大迟延的能力。MPC 通常包括预测模型、滚动优化和反馈校正 3 个部分，如图 5-8 所示。

MPC 的核心思想是通过利用 k 时刻的被控对象输出与预测模型预测输出之间的偏

差，来校正 $k+n$ 时刻被控对象的预测输出，依靠预测输出计算最优的控制量。

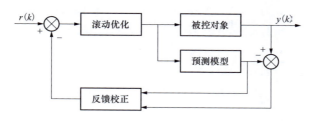

图 5-8　模型预测控制系统结构图

MPC 不依赖特别精确的被控对象模型，并且对模型的结构和形式没有严格的要求。同时 MPC 还具有很好的鲁棒性，在控制过程中不断优化计算、滚动校正，减小了模型失配和外界扰动等不确定因素对控制系统的影响，从而得到较好的动态控制性能，在工程上有着广泛的应用。但是，常见的 MPC 也存在着控制系统结构复杂、计算量大、参数多且意义不明确等缺点，考虑到运行现场的条件难以实施过于复杂的控制算法，所以需要对 MPC 算法简化改进后才可以应用到 SCR 脱硝系统中。

二、模型预测控制的基本原理

选取在工程应用中，容易得到的阶跃响应序列作为预测模型的动态矩阵控制算法是应用十分广泛的预测控制算法之一。该算法在控制量的求取上采用增量算法，能有效消除被控对象反应过程中的稳态误差，因此适用于有纯时延、大惯性的被控对象。

1. 预测模型

在预测控制算法中，需要通过预测模型去预估被控对象未来的变化趋势，进而产生控制作用。因此，为了使预测控制策略实用化，间接地要求预测模型应该尽量准确，这样才能保证预测控制有良好的调节品质。尽管有些在线辨识算法可以时时刻刻地得到被控系统的数学模型，但是在过程控制系统中，存在很大的测量噪声，加之这些系统往往存在强耦合、非线性等特性，致使这些辨识算法很少能在实际工程中得到应用。因此，不得不选择一种较为精确、实用的数学模型作为基本的预测模型。动态矩阵控制算法选择了被控系统的单位阶跃响应数据序列作为基本的预测模型，那么它的单位阶跃响应数据序列为

$$\{a_1, a_2, \cdots, a_\infty\} \tag{5-22}$$

现在，假设被控对象是有自衡的，那么当系统稳定以后，输出也将保持不变，假设系统在 N 个采样周期（T_s）后进入稳态，那么可以得到

$$\{a_1, a_2, \cdots, a_N\} \tag{5-23}$$

如果把系统的输入表示成增量的形式，则有

$$u(kT_s) = u[(k-1)T_s] + \Delta u(kT_s) \tag{5-24}$$

对于这样的系统，它在 k 时刻的输出是 k 时刻以前所有输入增量作用所造成的，所以被控对象的阶跃响应模型可表示为

$$y(1) = a_1 \Delta u(0^+) + a_2 \Delta u(-1) + \cdots + a_N \Delta u(1-N)$$
$$y(2) = a_1 \Delta u(1) + a_2 \Delta u(0^+) + \cdots + a_N \Delta u(2-N)$$
$$y(3) = a_1 \Delta u(2) + a_2 \Delta u(1) + \cdots + a_N \Delta u(3-N)$$
$$\vdots$$
$$y(k) = a_1 \Delta u(k-1) + \cdots + a_N \Delta u(k-N)$$

（5-25）

写成一般表达式，则有

$$y(k) = \sum_{j=1}^{N} a_j \Delta u(k-j), k=1,2,\cdots,N \qquad （5\text{-}26）$$

如果当前及未来 M-1 个时刻的控制增量为

$$\Delta u(k), \Delta u(k+1), \cdots, \Delta u(k+M-1) \qquad （5\text{-}27）$$

根据式（5-26），得到未来 P 个时刻的预测模型输出值为

$$y_M(k+i) = \sum_{j=1}^{N+j} a_j \Delta u(k+i-j), i=1,2,\cdots,P \qquad （5\text{-}28）$$

由于在未来只加入 M 个脉冲输入，因此

$$\Delta u(k+M) = \cdots = \Delta u(k+P-1) = 0 \qquad （5\text{-}29）$$

又因为使用的是阶跃响应模型，所以

$$a_N = a_{N+1} = \cdots = a_{N+P-M} \qquad （5\text{-}30）$$

令

$$Y_M = [y_M(k+1), y_M(k+2), \cdots, y_M(k+P)]^T \qquad （5\text{-}31）$$

$$U_M = [\Delta u(k+M-1), \cdots, \Delta u(k+1), \Delta u(k)]^T \qquad （5\text{-}32）$$

$$U_0 = [\Delta u(k-1), \Delta u(k-2), \cdots, \Delta u(k-N)]^T \qquad （5\text{-}33）$$

$$W_M = \begin{bmatrix} 0 & \cdots & 0 & a_1 \\ 0 & \cdots & a_1 & a_2 \\ \cdots & \cdots & \cdots & \cdots \\ a_{P-M+1} & \cdots & a_{P-1} & a_P \end{bmatrix}_{P \times M} \qquad （5\text{-}34）$$

$$W_0 = \begin{bmatrix} a_2 & \cdots & a_N & a_N \\ a_3 & \cdots & a_N & a_N \\ \cdots & \cdots & \cdots & \cdots \\ a_{P+1} & \cdots & a_N & a_N \end{bmatrix}_{P \times N} \qquad （5\text{-}35）$$

则可以把式（5-28）改写成矩阵的形式，即

$$Y_M = W_M U_M + W_0 U_0 \qquad （5\text{-}36）$$

式中　U_M——预测输入；

　　　U_0——基本输入；

W_M ——预测输入时的模型，称为动态矩阵；

W_0 ——不加预测输入的模型，称为初始矩阵。

在实时控制时，$W_0 U_0$ 为已知量，并可以测得，令 $Y_0 = W_0 U_0$，称为基本输出，即没有预测输入情况下的系统实测输出。把式（5-36）改写成式（5-37）的形式，即

$$Y_M = W_M U_M + Y_0 \tag{5-37}$$

式（5-37）称为 DMC 的开环预测输出。

2. 滚动优化

式（5-37）表达的是如果给被控对象施加 M 个控制增量作用，那么根据系统可以进行比例和叠加的特性，就可以按该式得出被控对象在未来时刻对应的 P 个预测模型输出。也就是说，只要给出被控系统的未来 P 个时刻的输出期望设定值，如式（5-38）所示。

$$Y_r = [y_r(k+1), y_r(k+2), \cdots, y_r(k+P)]^T \tag{5-38}$$

根据预测输出与设定输出最小化方差原则，就能计算出所需的未来 M 个控制量 U_M。

定义目标函数为

$$Q = \sum_{i=1}^{P} h_i [y_r(k+i) - y_M(k+i)]^2 + \sum_{j=1}^{M} r_j \Delta u_M^2(k+i-1) \tag{5-39}$$

式中 h_i，r_j ——加权系数。

令

$$H = diag[h_1, h_2, \cdots h_p] \tag{5-40}$$

$$R = diag[r_1, r_2, \cdots r_M] \tag{5-41}$$

则可以把式（5-39）改写成矩阵的形式，即

$$Q = (Y_r - Y_M)^T H(Y_r - Y_M) + U_M^T R U_M \tag{5-42}$$

把式（5-37）代入式（5-42），然后根据极值必要条件，可以得到最优控制率为

$$U_M = (W_M^T H W_M + R)^{-1} W_M^T H(Y_r - Y_0) \tag{5-43}$$

令

$$K_M = (W_M^T H W_M + R)^{-1} W_M^T H \tag{5-44}$$

把式（5-44）代入式（5-43），可得

$$U_M = K_M(Y_r - Y_0) \tag{5-45}$$

式（5-45）表明，根据希望值与系统实际输出值的偏差，乘以 K_M 即可计算得到所需未来 M 个时刻的控制量，因此，把 K_M 称为控制矩阵。从式（5-45）不难看出，这是一种根据偏差进行的比例控制算法，因为计算出的是控制增量，所以具有积分性质。这也是它能进行无稳态误差控制的原因。

当得到控制增量以后，就可以使它们在不同时刻作用于被控系统。然后，每隔 M 个

采样周期再利用式（5-45）重新计算一次 M 个控制增量，继续施加于被控系统。这就是滚动优化过程。

从式（5-43）中可以看出，最优控制率的计算复杂程度主要与动态矩阵 W_M 有关，也就是与 P 和 M 的大小有关，而在每一时刻求出的 M 个最优控制增量矩阵中，动态矩阵控制只是取其中的当前控制作用增量 $\Delta u(k|k)$ 计算系统的实际控制率，并不是把滚动优化所得的所有最优控制增量都当作应实现的解，因此可通过引入一个衰减系数，将当前要实施的系统的控制量作为系统优化变量，未来其他时刻的系统控制量用当前控制量和衰减系数表示，即

$$\Delta u(k+i|k) = \rho^i \Delta u(k|k), 0 < \rho < 1 \tag{5-46}$$

式中　ρ——衰减系数。

将式（5-46）代入式（5-37），在滚动优化时的计算量从原来的需要求解 M 个控制增量简化为只需要求解 $\Delta u(k|k)$ 即可，极大程度地缩减了计算时间。

3. 反馈校正

因为系统运行工况的复杂性和各种环境影响，系统总会遭受各种扰动，所以预测模型的输出并不能精确反映实际系统输出。这就需要引入反馈校正环节，当在 kT_s 时刻采集到实际输出 $y(k)$ 以后，把它与估计的预测输出 $y_M(k+1)$ 进行分析比较，得到预测误差为

$$e(k) = y(k) - y_M(k+1) \tag{5-47}$$

根据这个误差去修正各个预测输出值，即

$$y_p(k+i) = y_M(k+i) + c_i e(k) \tag{5-48}$$

式中　c_i——加权修正系数，$i = 1, 2, \cdots, P$。

上述过程就是所谓的反馈校正。把式（5-48）称为 DMC 的闭环预测输出。用 y_p 代替式（5-41）中的 y_M，按照前面相同的推导方法，即可得到反馈校正后的最优控制计算式为

$$U_M = K_M[Y_r - Y_0 - e(k)C] \tag{5-49}$$

4. 预测控制中的重要参数

在动态矩阵控制算法中，有两个参数至关重要，它们是优化时域 P 和控制时域 M，P 与 M 的取值直接影响预测控制器的相关性能。下面分别对这两个参数进行介绍。

（1）优化时域 P。

优化时域 P 表示在预测算法中，对于所建立的预测模型施加 M 个控制作用，系统在未来 P 个时刻的输出逼近希望输出。它的取值大小能够影响控制的快速性和稳定性。当优化时域较小时，它表示模型的输出在较短的几个时刻就能密切跟踪希望输出，反应快速但稳定性不足；当优化时域较大时，此时较后时刻的预测模型输出值只和 M 个控制增量的稳态响应有关，因此较大的优化时域有着很好的稳定性，但快速性方面相比较差。

（2）控制时域 M。

控制时域 M 表示所要确定的未来施加的控制增量个数，所以 $M \le P$。M 越小，说明

对被控系统施加控制作用的时间就越短，因此很难保证系统未来输出能紧密跟踪希望输出。M 值越大，说明对被控系统施加控制作用的时间就越长，这样就可以保证系统的未来输出能跟踪希望输出，但是在较长的控制作用时间段内，没有考虑被控对象模型的变化以及预测输出的误差，这会使系统稳定性变差。

经过上述对优化时域和控制时域的分析可以看出，一般情况下，增大优化时域 P（减小控制时域 M）与减小优化时域 P（增大控制时域 M）通常对控制系统有着相似的控制效果。所以为了方便参数的确定，通常可以先确定其中一个参数的值，通过调整另一个参数的大小以达到有效的控制效果。

三、模型预测控制的工程化设计

从模型预测控制的原理可知，控制算法涉及了矩阵运算，无疑增加了算法的计算量，并且矩阵中的参数整定也十分困难。为了降低模型预测算法的复杂度，使其更方便地应用到工程中，将分别针对预测模型、滚动优化和反馈校正三个部分分别进行简化。

1. 预测模型

预测模型可以为 MPC 估算被控系统的未来输出，为控制量的计算提供基础。一个实际的工业过程，可以用无穷多的数学模型来描述，它们之间不存在一一对应的关系。由于生产过程控制系统中对模型的可靠性和算法的简易性有一定要求，所以原理直观简单、易于计算机实现并且模型精度较高的数学模型更适合现场使用。对于一般的工业过程系统而言，可以选择如式（5-50）所示的模型结构建立系统的预测模型。

$$W(s) = \frac{K(1+\alpha s)e^{-\tau s}}{s^m (Ts+1)^n} \qquad (5\text{-}50)$$

式中　K——系统增益；

α——系统微分增益；

τ——系统纯迟延常数；

T——系统惯性时间常数。

对于任意的一个有自平衡能力的线性系统，可以将其模型结构由式（5-49）简化成如式（5-51）所示的形式，即

$$W(s) = \frac{Ke^{-\tau s}}{(Ts+1)^n} \qquad (5\text{-}51)$$

燃煤机组 SCR 脱硝过程是一个有自平衡能力的非线性系统，所以单一使用式（5-51）所示的模型结构难以较好的拟合全工况下 SCR 脱硝系统的动态特性。为了能够简单有效地建立 SCR 脱硝系统的预测模型，工业中经常采用分段线性化来解决非线性系统线性化的问题。

依据燃煤机组发电机功率大小的不同，将 SCR 脱硝系统分成若干个区段，每个区段的 SCR 脱硝系统都被近似等效成为了线性系统。以额定功率为 600MW 的燃煤机组为例，可将 SCR 脱硝系统分为了高、中、低三个负荷工况区段，其预测模型的结构如式（5-52）所示。

$$\begin{cases} W_1(s) = \dfrac{K_1 e^{-\tau s}}{(T_1 s + 1)^n} & P < 400\text{MW} \\[3mm] W_2(s) = \dfrac{K_2 e^{-\tau s}}{(T_2 s + 1)^n} & 400\text{MW} \leqslant P < 500\text{MW} \\[3mm] W_3(s) = \dfrac{K_3 e^{-\tau s}}{(T_3 s + 1)^n} & 500\text{MW} \leqslant P < 600\text{MW} \end{cases} \qquad (5\text{-}52)$$

式中　　　P——发电机功率；

W_1、W_2 和 W_3——不同发电机功率下的模型。

只考虑在低负荷情况下，系统的采样周期为 Δt，此时系统 k 时刻的输出如式（5-53）所示。

$$\begin{cases} x_1(k) = e^{-\frac{\Delta t}{T_1}} x_1(k-1) + K_1\left(1 - e^{-\frac{\Delta t}{T_1}}\right) u(k) \\[3mm] x_{2\sim n}(k) = e^{-\frac{\Delta t}{T_1}} x_{2\sim n}(k-1) + \left(1 - e^{-\frac{\Delta t}{T_1}}\right) x_{1\sim n-1}(k) \\[3mm] y(k) = x_n\left(k - \dfrac{\tau}{\Delta t}\right) \end{cases} \qquad (5\text{-}53)$$

式（5-53）中，$x_{1\sim n}$ 是系统状态。

由式（5-53）可知，当已知系统的初始状态时，就可以利用系统的历史输入 $u(t)$，$t = 0, 1, 2, \cdots, k$，预测系统的输出 $y(t)$，$t = k, k+1, \cdots, k+\tau$。所以，使用该模型就可以非常简单的预测去除纯迟延后被控对象的输出。

由于传递函数是零初始条件下系统输出量和输入量的 Laplace 变换之比。为了确定燃煤机组 SCR 脱硝系统预测模型中的参数，需要让 SCR 脱硝系统在不同的负荷工况中从稳定状态做扰动实验。利用实验产生的数据，就可以利用人工经验法或寻优算法离线确定预测模型中各个参数的取值。

2. *滚动优化*

预测控制的优化需要随着系统的运行，不断在线滚动优化来弥补实际系统运行过程中受到的扰动。滚动优化通常与预测模型的结构和控制性能指标有关。通过最优化设置的控制性能指标，就可以求解出滚动优化的形式。为了使得预测控制无差调节，滚动优化时往往都需要使用被控系统多个未来预测输出与期望输出计算控制增量，使得控制效果具有积分性质。但这同时也使得滚动优化控制参数的确定过程中往往需要涉及矩阵求逆等计算量巨大的运算过程，这无疑使得在线调整控制参数变得困难。

对于大迟延有自平衡系统其预测模型如式（5-52）所示，在接收了给被控系统施加的控制作用后，根据被控系统运行在不同的工况区间，利用对应的预测模型，就可以预测出消除被控系统纯迟延的期望输出。控制器就可以通过使用预测模型预测出的系统输出，准确地将被控系统未来将要达到的状态作为当前控制量计算的依据，原本的大迟延对象被等效成为了一个没有纯迟延的简单对象。为了使得控制算法能够简单、易整定，采用 PID 控制器作为预测控制滚动优化的代替。这样就可以有效解决大迟延系统控制困难的问题，并且控制结构简单很容易就可以在工程中实现。

3. 反馈校正

由于预测模型并不能完全等效于实际被控系统，现场由于测量噪声和内部扰动的存在，都可能导致预测模型结果与实际系统输出之间存在较大的误差。所以，对预测模型进行在线修正，可以有效减小二者的偏差。反馈校正有很多方案，但大多都需要进行复杂的计算增加控制所需的计算量。这里使用一种简单，在线可实现的修正方法。

在 k 时刻得到被控对象的采样输出 $y(k)$ 之后，将其与估计的预测模型输出 $y_p(k)$ 比较，得到预测模型的偏差 $e_m(k)$，即

$$e_m(k) = y(k) - y_p(k) \tag{5-54}$$

再使用预测模型偏差修正消除纯迟延后的模型预测输出的值，修正方法如式（5-55）所示。

$$\tilde{y}_p(k+\tau) = y_p(k+\tau) + ce(k) \tag{5-55}$$

式中　　$\tilde{y}_p$——修正后的系统预测输出；

　　　　c——偏差修正加权系数。

4. 预测控制过程

通过利用预测控制思想，分别优化设计了预测控制过程中预测模型、滚动优化和反馈校正过程，完成了 SCR 脱硝系统的多模型 PID 预测控制器的设计。

多模型 PID 预测控制器的控制过程如下：首先，将被控系统的控制信号输入到预测模型中，各个工况的局部模型分别计算出系统下一时刻和消除纯迟延后的预测值；然后，通过燃煤机组发电功率判断系统所处的工况位置，选择对应工况下的预测模型输出；之后，通过比较被控系统下一时刻的输出值和预测模型的预测值，得到预测误差，经过误差修正系数在线修正消除纯迟延后的预测输出，将其反馈给控制器；最后，通过比较被控系统设定值与反馈校正后的被控系统预测输出得到系统偏差，利用 PID 控制器计算新的控制信号。

此时 SCR 脱硝控制系统的控制结构图如图 5-9 所示。

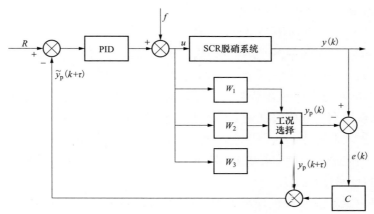

图 5-9　SCR 脱硝控制系统结构图

f—SCR 脱硝系统的前馈控制；W_1、W_2 和 W_3—不同工况下脱硝系统的预测模型；c—预测控制偏差修正加权系数。

5.5　SCR 脱硝喷氨总量控制系统仿真与应用

计算机仿真实验研究对评价控制策略的控制效果和现场确定初设控制器参数有着重要的意义。通过使用数学模型工具和计算机编程，就可以实现对真实系统的模拟。仿真实验将原本只能在现实系统中的测试转移到了计算机中，可以避免实验过程带来的对现实系统的损害，并相较于现实系统更容易达成某种限定的实验条件。如今，计算机仿真实验已经成为了自动控制领域研究分析不可缺少的一环，并在其他领域的影响力也在不断扩大。

虽然目前已有部分先进的燃煤机组 DCS 支持了在线下装逻辑，但是在线下装逻辑过程中有着许多的不确定因素，非常容易导致机组运行故障，产生不必要的损失。同样，在线调试时参数设置不当，也会导致系统控制效果不理想，影响系统的稳定运行。通过 SCR 脱硝系统仿真实验，就可以将控制逻辑的确定和测试都放在虚拟环境，避免因调试为现场造成损失。

本节将在计算机中搭建 SCR 脱硝系统的仿真实验平台。首先，总结研究者们的研究经验，建立基于燃煤机组 DCS 历史数据的 SCR 脱硝系统动态模型。之后，将本书之前提出的 SCR 脱硝复合控制系统实现，并通过分析实际运行系统中的历史数据，确定出控制系统参数。最后，通过比较研究 SCR 脱硝复合控制系统与常规控制系统的控制效果。

一、SCR 脱硝系统仿真模型

NARX 神经网络是一种简单易用的动态神经网络，被广泛应用在了工业过程建模中。NARX 神经网络与 BP 神经网络不同，它将神经网络的模型输出通过外部反馈延时，与其他神经网络输入一起组合作为下一次神经网络计算的输入。这一简单的改变使得 NARX 神经网络拥有了动态部分，能够很好地拟合工业动态过程。单输入单输出 NARX 神经网络可以用式（5-56）表示，其结构图如图 5-10 所示。

$$y(t) = f_{NARXNN}[y(t-1),\cdots,y(t-m),u(t),\cdots,u(t-n)] \tag{5-56}$$

式中　　$f_{NARXNN}(\cdot)$ ——NARX 神经网络计算过程；

　　　　$y(t)$ ——t 时刻 NARX 神经网络的输出值；

　　　　$u(t)$ ——t 时刻 NARX 神经网络的输入值；

　　　　n 和 m ——系统输入变量与输出变量的最大阶次。

ANN 模型因其对非线性函数强大的拟合能力而被广泛使用，但是在建模训练过程中，可能会出现模型在训练数据集上的误差逐渐减小，而在测试数据集上的误差反而增大的现象，即过拟合现象。通常认为，过拟合是由模型的复杂性引起的，并被数据中的噪声加剧。建模前输入模型变量选择和建模时提前停止训练是通过限制模型复杂度来避免过度拟合的两种有效方法。

通过研究 SCR 脱硝反应机理可知，影响 SCR 反应器出口 NO_x 浓度的主要因素为 SCR 反应器入口 NO_x 浓度、喷氨量、反应器入口烟气 O_2 含量、SCR 反应器入口温度以及烟气流量。燃煤机组 SCR 反应器处烟气流量测量存在较大误差，直接用于建模会造成模型的不准确。鉴于烟气流量与总风量之间存在着一定的连续非线性关系，所以使用总风量替代烟气流量可以进行更准确的数据建模。研究表明，烟气中的 O_2 含量大于 1%时，O_2 对整个反应速度的影响几乎可以忽略不计。图 5-11 为现场 SCR 反应器入口烟气 O_2 含量变化曲线图。

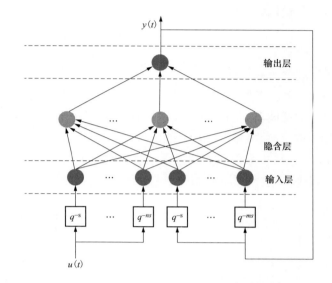

图 5-10 单输入单输出 NARX 神经网络结构图

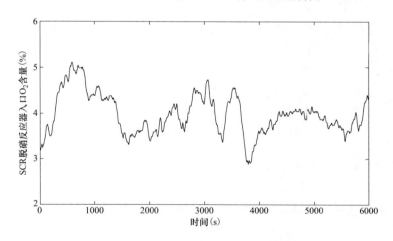

图 5-11 SCR 反应器入口烟气 O_2 浓度变化曲线图

从图 5-11 可以看出，SCR 反应器入口烟气 O_2 含量一直保持在 3%左右。所以可以忽略它对出口 NO_x 浓度的影响。

由于 SCR 系统中不同性质的变量的测量方式和位置的不同，所以也存在不同的纯迟延。通过观察历史运行曲线图选取 SCR 反应器出口 NO_x 浓度相对于 SCR 反应器入口 NO_x 浓度、喷氨量、SCR 反应器入口温度以及总风量的纯迟延分别为 10、70、70、90s，各变量阶次均选为 3 阶。由此，便得到 SCR 脱硝系统具体的模型结构。

由于现场的测量数据中含有各种噪声和错误的测量值（即异常值），在建立模型之前，应该对数据进行处理，避免噪声导致的模型过拟合问题并去除异常值对模型精度的影响。通常，去除异常值后还需取前后测量值的平均值对其进行填补。低通滤波器是常用的数据预处理手段。合理截止频率的低通滤波器可以同时去除数据中的噪声和异常值。常用的一阶低通滤波器的传递函数如式（5-57）所示。

$$W(s) = \frac{\omega}{\omega + s} \tag{5-57}$$

式中　ω——低通滤波器的截止频率。

对于不同的输入参数，其噪声的特性也不同，因此就需要针对不同的输入参数，选取不同截止频率的低通滤波器。经尝试，分别选取 SCR 反应器入口烟气 NO_x 浓度、SCR 反应器出口烟气 NO_x 浓度、总风量、SCR 反应器入口温度和喷氨量的截止频率分别为 0.1、0.1、0.1、0.05、0.1 时，可以取得较好的效果。现取燃煤机组 DCS 中的实际数据训练模型，得到 SCR 脱硝系统模型预测结果如图 5-12 所示。

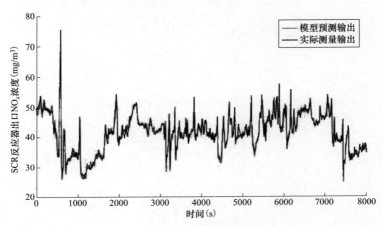

图 5-12　SCR 脱硝系统模型预测曲线图

图 5-12 中，实线为实际 SCR 脱硝系统出口 NO_x 浓度测量值，虚线为 SCR 脱硝系统模型预测输出值。预测结果的均方根误差（Root Mean Square Error，RMSE）和平均百分比误差（Mean Absolute Percentage Error，MAPE）分别达到了 0.317 和 1.822%，说明该模型可以在很大程度上代表 SCR 脱硝系统。RMSE 和 MAPE 的计算过程如式（5-58）所示。

$$RMSE = \sqrt{\frac{1}{n}\sum_{i=1}^{n}[y(i) - y'(i)]^2}$$

$$MAE = \frac{1}{n}\sum_{i=1}^{n}\left|\frac{y(i) - y'(i)}{y(i)}\right| \times 100\% \tag{5-58}$$

式中　n——样本总量；

y 和 y'——实际值和预测值。

二、SCR 脱硝控制系统仿真

1. SCR 脱硝控制系统的搭建

SCR 脱硝复合控制系统采用了双回路控制系统与前馈结合的策略，解决了采用单回路的 SCR 脱硝系统出口 NO$_x$ 定值控制策略和固定摩尔比控制策略难以适应 SCR 脱硝系统内部扰动影响的问题。为了增加闭环控制对大时滞系统的控制能力，设计了采用模型预测控制为复合控制系统的闭环控制方案；为了解决实际 SCR 脱硝系统存在的问题，设计了能够实时对反应器入口 NO$_x$ 预测和烟道中实际烟气流量的软测量模型，改进了复合控制系统的前馈控制方案。SCR 脱硝复合控制策略的系统框图如图 5-13 所示。

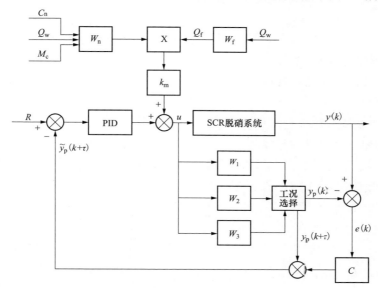

图 5-13　SCR 脱硝复合控制系统框图

W_1、W_2 和 W_3—不同工况下复合控制的反馈控制中的预测模型；c—预测控制偏差修正加权系数；

W_n—SCR 反应器入口 NO$_x$ 预测模型；W_f—烟气流量软测量模型；k_m—固定摩尔比控制系数；

C_n、Q_w、Q_f 和 M_c—SCR 反应器入口 NO$_x$ 测量修正值、总风量、烟气流量预测值和给煤量

2. SCR 脱硝系统仿真测试

控制系统参数确定。

由图 5-13 可知，控制系统中共存在 8 组需要确定的参数，分别为 W_1、W_2、W_3、c、PID 控制器参数、W_n、W_f 和 k_m。在采样周期为 10s 的情况下，分别确定各个参数的值如下：

1）预测模型参数确定。

W_1、W_2 和 W_3 是不同工况下 SCR 脱硝系统预测控制预测模型，其模型结构如式（5-51）所示。为了确定模型中的参数，需要寻取 SCR 脱硝系统在不同工况下从某一稳定状态开始的历史运行数据，离线运用寻优算法对其进行辨识。粒子群（PSO）算法是一种可以从大范围中寻优的算法。它从随机解出发，通过设置好的评价指标函数来判断寻求出解的品质，并通过迭代在解的空间中寻找最优位置，算法简单、适用性强，已被广泛应用于解决困难的寻优问题。

通过观察分析 SCR 脱硝系统的运行历史数据，可以确定系统的喷氨量对 SCR 反应器出口 NO_x 浓度的纯迟延 τ 约为 70s。因为现场使用了 3 层催化剂共同作用，所以系统阶次 n 取为 3。同时，分别使用粒子群算法求解预测模型中的比例增益和时间常数，得到 SCR 脱硝系统预测控制预测模型如式（5-59）所示。

$$\begin{cases} W_1(s) = \dfrac{-2.34e^{-70s}}{(81s+1)^3} & P < 400\text{MW} \\[3mm] W_2(s) = \dfrac{-1.45e^{-70s}}{(60s+1)^3} & 400\text{MW} \leqslant P < 500\text{MW} \\[3mm] W_3(s) = \dfrac{-1.04e^{-70s}}{(55s+1)^3} & 500\text{MW} \leqslant P < 600\text{MW} \end{cases} \quad (5\text{-}59)$$

2）反馈校正参数确定。

c 是预测控制偏差修正加权系数，默认情况下先取 1，然后根据实际运行情况可以稍作修改。

3）PID 控制器参数确定。

PID 控制器参数可以按照预测控制模型来确定，可以将被控对象视为去掉纯迟延后的预测模型。按照预测模型的参数，用经验法确定 PID 控制器的比例积分微分参数。

4）SCR 反应器入口 NO_x 多步预测模型参数确定。

W_n 是 SCR 反应器入口 NO_x 多步预测模型，选取预测时间为 60s，分别选取输入变量 C_n、Q_w 和 M_c 的阶次为 2，时间延迟分别为 0s、90s 和 90s。利用合适的实际运行数据，使用最小二乘法求解模型的参数，结果如式（5-60）所示。

$$\tilde{c}_n(k+6) = A_n[c_n(k) \quad c_n(k-1) \quad q_w(k-9) \quad q_w(k-10) \quad m_c(k-9) \quad m_c(k-10)]^T \quad (5\text{-}60)$$

式中　　$\tilde{c}_n$ ——SCR 反应器入口 NO_x 预测值。

A_n 的值为

$$A_n = [4.1918 \quad -3.2459 \quad 0.0746 \quad -0.0446 \quad -0.0889 \quad -0.0116] \quad (5\text{-}61)$$

其预测效果如图 5-14 所示。

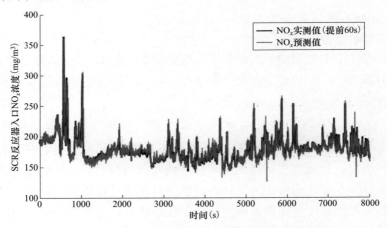

图 5-14　反应器入口 NO_x 多步预测结果图

图 5-14 中，黑色实线为提前 60s 后的 SCR 反应器入口 NO_x 浓度测量修正值，红色实线为 NO_x 浓度预测值。通过计算预测曲线与实际曲线之间的 RMSE 和 MAPE，分别达到了 7.1566 和 1.729%，说明该模型可以较为准确地预测 SCR 反应器入口 NO_x 浓度。

5）烟气流量软测量参数确定。

W_f 是烟气流量软测量模型，选取输入变量 Q_w 和输出变量的阶次都为 2，时间延迟分别为 90s。利用历史数据，选取系统处于不同的稳态状态下的历史数据，估计出实际烟道中的实际烟气流量，使用最小二乘法求解最优参数，结果如式（5-62）所示。

$$q_f(k) = A_f \begin{bmatrix} q_f(k-1) & q_f(k-2) & q_w(k-9) & q_w(k-10) \end{bmatrix}^T \quad (5\text{-}62)$$

式中　q_f——烟气流量估计值。

A_f 的值为

$$A_f = \begin{bmatrix} -0.9932 & 1.9931 & 8.133 \times 10^{-6} & 1.117 \times 10^{-5} \end{bmatrix} \quad (5\text{-}63)$$

6）喷氨量前馈控制参数确定。

k_m 是固定摩尔比控制系数，可以按式（5-1）计算。当摩尔比例系数取 1.1 时，可以得到的值为

$$k_m = \frac{k \times m_{NH_3}}{m_{NO_x}} \times k_u = \frac{1.1 \times 17}{46} \times 0.001 \approx 4 \times 10^{-4} \quad (5\text{-}64)$$

式中　　　k——摩尔比例系数；

m_{NO_x} 和 m_{NH_3}——NO_x 和 NH_3 的摩尔质量；

k_u——单位转换系数。

这样就完成了控制系统的全部参数的预设。

7）仿真测试。

根据图 5-13，可在 MATLAB 的 Simulink 中搭建 SCR 脱硝复合控制仿真系统，分别将计算得到的预测模型、反馈校正、PID 控制器、SCR 反应器入口 NO_x 多步预测、烟气流量软测量和固定摩尔比系数置入 Simulink 中搭建的 SCR 脱硝复合控制仿真系统，并细调部分参数。最终，得到基于燃煤机组实际运行数据的控制效果图，如图 5-15 所示。

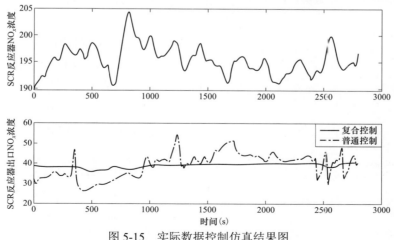

图 5-15　实际数据控制仿真结果图

在图 5-15 中，黑色实线是 SCR 反应器入口 NO_x 浓度；在给定值为 40 下，蓝色实线是采用了复合控制的控制输出曲线，红色虚线是采用普通 PID 控制的控制输出曲线。

可以看出，改进后的 SCR 脱硝复合控制一方面由于固定摩尔比前馈使得系统响应 SCR 脱硝系统入口 NO_x 浓度变化的速度更加迅捷，另一方面由于使用了预测控制作为外回路控制使得系统能够迅速弥补 SCR 脱硝系统出口 NO_x 浓度与给定值之间的偏差。因此，改进后的 SCR 脱硝复合控制在实际数据驱动的仿真实验平台上，即使在 SCR 脱硝系统入口 NO_x 浓度变化波动剧烈的情况下，也能达到很好的控制效果。

三、喷氨总量控制策略的应用

本节将主要围绕 SCR 脱硝控制系统在某燃煤机组中的应用实践展开，首先介绍了机组的锅炉类型、SCR 脱硝系统概况、控制设备，然后介绍了 SCR 脱硝系统前馈+反馈复合控制策略的实现与应用过程。

1. 机组简介

某燃煤机组采用了哈尔滨锅炉厂有限责任公司自主研发的 660MW 褐煤超临界锅炉。该锅炉的燃烧系统中配备了中速磨直吹式制粉系统，共配备 7 台磨煤机，当燃用设计煤种时，采用 6 台运行 1 台备用的运行方式。锅炉内部采用了墙式切圆的新型燃烧方式，具有炉膛充满度好、利于煤粉燃尽和 NO_x 排放低等优点。

锅炉脱硝工程与锅炉主体工程于 2011 年同步投产，脱硝工程采用了 SCR 脱硝工艺。该机组设有 2 台脱硝反应器，采用了高温高尘布置，即布置在锅炉省煤器后空气预热器前的烟道空间内。锅炉烟道在燃烧室出口处被平均分成两路，每路烟道并行垂直布置 1 台脱硝反应器。SCR 催化剂采用了蜂窝式并按 2+1 方式布置，即 2 层运行 1 层备用，已于 2015 年增加成 3 层催化剂一齐运行。还原剂采用了氨气，液氨通过供氨调节阀，流经稀释风机稀释后喷射格栅注入烟道与烟气混合的，然后进入 SCR 反应器。

SCR 脱硝系统原来的控制策略采用了常规的固定摩尔比控制，控制器采用的是 Ovation3.2.0 版本的 DCS。该机组脱硝系统已于 2017 年 3 月进行了超净改造，改造后执行超低排放标准，即烟囱处排放的折算为标准氧量下的 NO_x 浓度每小时平均值不能高于 $50mg/m^3$。

2. 喷氨总量控制逻辑的设计

按照设计喷氨总量的前馈控制策略和反馈控制策略，构成喷氨总量的复合控制逻辑，将整个控制逻辑分成 7 个部分在 DCS 搭建完成。

（1）NO_x 浓度测量值转换为标准氧量下的浓度值。

将系统中的 NO_x 浓度测量值转换为标准氧量下的浓度的 SAMA 图，如图 5-16 所示。

SCR 反应器入口、出口，以及烟囱处的 NO_x 都需要与烟气中的含氧量转换为标准氧量下的浓度值。

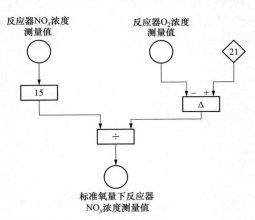

图 5-16　NO_x 测量浓度转换 SAMA 图

（2）SCR 反应器入口 NO$_x$ 浓度修正。

修正 SCR 反应器入口 NO$_x$ 浓度在 CEMS 测量仪表吹扫时停止测量的 SAMA 图，如图 5-17 所示。因为两侧修正过程类似，所以这里只给出一侧的图。

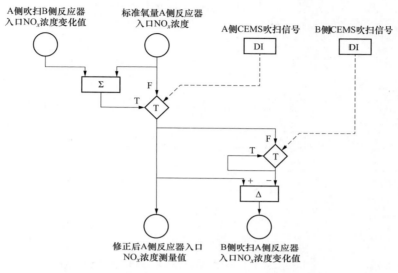

图 5-17　A 侧 SCR 反应器入口 NO$_x$ 浓度修正 SAMA 图

利用 A、B 两侧 CEMS 仪表不会同时吹扫的特性，分别在吹扫时修正两侧 SCR 入口 NO$_x$ 浓度。修正计算过程如式（5-5）所示。

（3）SCR 反应器入口 NO$_x$ 浓度多步预测。

SCR 反应器入口 NO$_x$ 浓度进行多步预测的 SAMA 图，如图 5-18 所示。

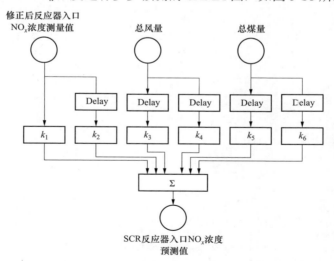

图 5-18　SCR 反应器入口 NO$_x$ 浓度多步预测 SAMA 图

SCR 反应器入口 NO$_x$ 浓度多步预测方法如式（5-4）所示。通过延迟模块设定不同测量信号的时滞情况，并通过最小二乘法得到模型中 $k_1 \sim k_6$ 的值。B 两侧 CEMS 仪表不会同时吹扫的特性,分别在吹扫时修正两侧 SCR 入口 NO_x 浓度。修正计算过程如式(5-5)所示。

(4) SCR 反应器烟气流量软测量。

SCR 反应器烟气流量进行软测量的 SAMA 图如图 5-19 所示。

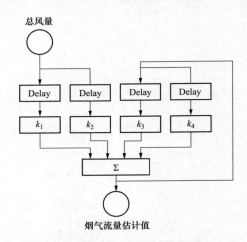

图 5-19　SCR 反应器烟气流量软测量 SAMA 图

SCR 反应器烟气流量软测量方法如式(5-14)所示。$k_1 \sim k_4$ 的值,可通过分析历史运行数据,利用最小二乘法估算。

(5)喷氨量前馈控制。

SCR 脱硝系统喷氨量前馈控制逻辑的 SAMA 图如图 5-20 所示。

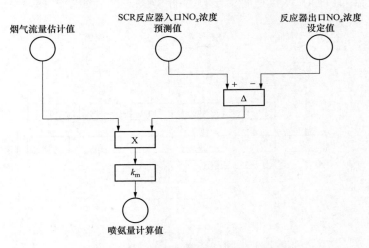

图 5-20　SCR 系统喷氨量前馈控制 SAMA 图

喷氨量前馈控制是将预测得到的烟道实际烟气流量和 SCR 反应器入口 NO_x 浓度运算,按照固定的摩尔比例计算烟道中实际需要的喷氨流量。图 5-20 中,k_m 的计算公式如式(5-64)所示。

（6）SCR 脱硝出口 NO$_x$ 浓度预测系统。

SCR 脱硝出口 NO$_x$ 浓度预测系统计算过程 SAMA 图如图 5-21 所示。

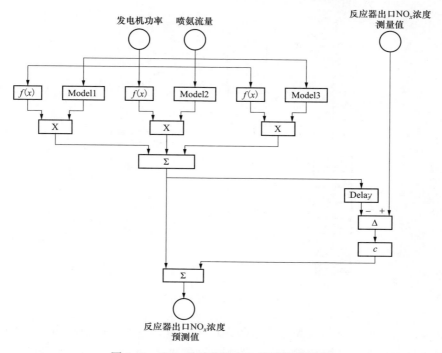

图 5-21　SCR 脱硝出口 NO$_x$ 浓度预测系统

SCR 脱硝出口 NO$_x$ 浓度预测系统是 SCR 脱硝复合控制系统的反馈控制中预测控制的一部分，主要包含了预测模型与反馈校正两块，可以完成 SCR 反应器出口 NO$_x$ 浓度的预估。通过使用离线辨识好的 SCR 脱硝系统传递函数模型 Model1、Model2 和 Model3，分别预估出不同发电机功率下的系统输出值。为了能够让不同的模型之间无扰切换，使用发电机功率与自定义折线模块相结合。折线大小设置如图 5-22 所示。

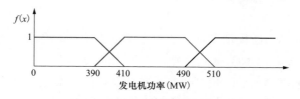

图 5-22　折线值设置曲线图

通过比较预测模型对当前时刻系统的输出的计算值与实际系统输出值比较，并乘以修正系数 c，即可在线修正模型预测输出。

（7）SCR 脱硝复合控制系统。

SCR 脱硝复合控制计算过程 SAMA 图如图 5-23 所示。

SCR 脱硝复合主控制器负责计算 SCR 脱硝系统所需的喷氨量,控制器输入是折算为标准氧量下的 SCR 反应器出口 NO$_x$ 浓度，由运行人员给定的 SCR 反应器出口 NO$_x$ 浓度

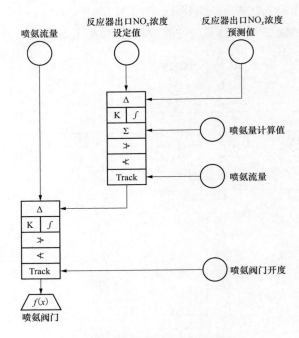

图 5-23　SCR 脱硝复合控制系统

作为设定值，前馈输入为固定摩尔比计算出的喷氨量计算值，控制器输出作为控制系统实际所需的喷氨流量，送给 SCR 脱硝系统喷氨阀门控制器。SCR 脱硝系统喷氨阀门控制采用 PID 控制方案，控制器负责计算不同喷氨流量需求下的实际阀门开度，控制器输入为实际测量得到的喷氨流量，SCR 脱硝复合主控制器输出的喷氨流量需求值作为给定值，控制器的输出信号作为喷氨流量阀门的开度。

为了实现整个脱硝控制系统能够手自动无扰切换，需要在切换为手动时，喷氨流量控制器输出跟踪实际的喷氨流量测量值，喷氨阀门控制器输出跟踪实际的喷氨流量阀门开度。这样就可以完成手自动无扰切换。

3. 控制策略应用效果

该燃煤机组原控制系统采用了常规的固定摩尔比控制策略，但是由于 SCR 脱硝系统中存在着 SCR 反应器入口 NO_x 变动剧烈、烟气 NO_x 测量严重滞后、测量设备定时吹扫和烟气流量测量不准确等问题，使得控制系统原有控制方案无法准确的计算出尾部烟道中实际所需要的氨气流量，最终导致原有控制方案无法完成节能有效地完成自动控制任务。这无疑导致了 SCR 系统往往处于过量喷氨的状态，并且也增加了运行人员的工作量。图 5-24 是没有进行 SCR 脱硝控制优化前的运行历史数据画面。

图 5-24 中，红线为机组负荷，蓝线和绿线分别为 AB 侧 SCR 出口 NO_x 浓度，机组负荷由 130MW 升到 398MW，AB 两侧出口 NO_x 最高均上升到 100mg/m³ 以上，且波动幅度大，增加了小时均值超标的风险，同时使得瞬时氨逃逸过大。机组负荷由 510MW 下降到 287MW，AB 出口 NO_x 分别上升到 127mg/m³ 和 90mg/m³，控制品质较差。

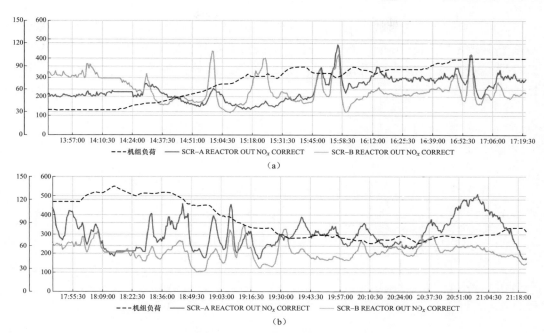

图 5-24　未改造前的控制效果

（a）升负荷过程；（b）降负荷过程

利用设计的 SCR 脱硝复合控制策略 SAMA 图，将其组态到了该燃煤机组 DCS 中，并根据现场的实际运行情况，对控制系统参数进行了调试，改进后的 SCR 脱硝控制系统实际运行曲线，如图 5-25 所示。

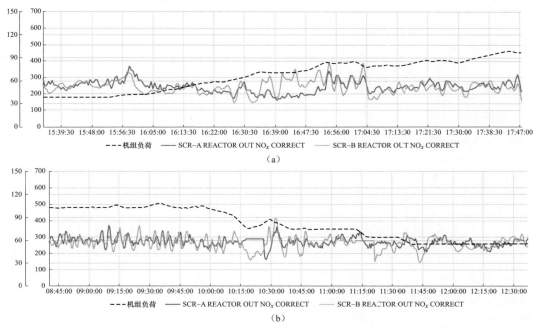

图 5-25　改造后的控制效果

（a）升负荷过程；（b）降负荷过程

该燃煤机组为深度调峰机组，机组负荷由 30%额定负荷机 180MW 升到 458MW，整个上升过程控制较平稳；降负荷过程，机组负荷由 530MW 下降到 300MW，从运行曲线看，未出现大幅升降现象；相比未改造前的控制系统，控制效果有了明显提升。

SCR 脱硝分区喷氨控制

6.1 分区喷氨控制的必要性

一、分区喷氨控制的概念

分区喷氨控制是将喷氨格栅分成不同的区域，通过改变不同区域的喷氨量，来提高出口 NO_x 浓度分布均匀性的精准喷氨方式。分区喷氨控制有两种不同的策略，一种是根据催化剂入口氮氧化物的浓度不同，实行等氨氮比的精准喷氨；另一种是根据催化剂出口的氮氧化物的浓度不同，实现 SCR 出口 NO_x 浓度偏差最小化的喷氨。目前，常用的是第二种模式。

喷氨流量分区控制主要为多分区/多点测量的设计，每侧 SCR 出口分成多个区域，每个区域布置有一个 NO_x/O_2 测点，对应的喷氨管路也同步分组，每组对应一个分区。通过多点同步采样测量、氨氮摩尔比在线调平技术，全面提升喷氨控制的精准性，达到有效控制喷氨量的效果。通过在喷氨总管和喷氨支管之间增加喷氨分区调平阀和喷氨分区小母管，如图 6-1 所示，实现喷氨小分区布置，从而可以根据对应分区出口 NO_x 测量值的反馈，对喷氨分区调平阀进行协同调整，实现 SCR 出口 NO_x 浓度的均匀分布。分区出口 NO_x 测量点如图 6-2 所示。

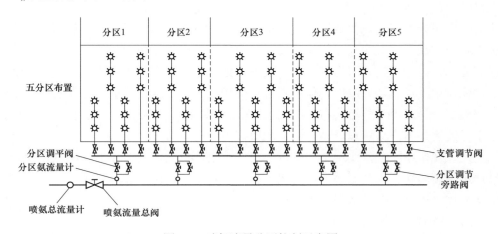

图 6-1　喷氨流量分区控制示意图

分区喷氨控制的关键为分区 NO_x 测量和分区调控，在实际操作过程中，通过实时测量各分区出口 NO_x 浓度，对各分区喷氨调平阀进行自动调整，分配各分区的喷氨量，进而实现各分区喷氨的精确控制，并结合喷氨总量的控制实现整个脱硝控制系统的精准调整。

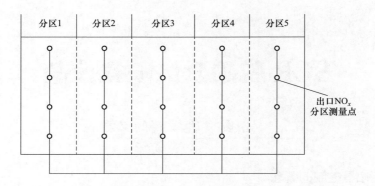

图 6-2 分区出口 NO_x 测量点

二、分区喷氨控制的必要性

SCR 脱硝设备一般安装在锅炉后方末段烟道位置，设计过程中在空间利用率最大化原则的指导下，脱硝系统通常会与其他子系统共同分享有限的安装位置。脱硝反应器入口烟道存在较多弯头结构，整体上看系统入口烟道狭长曲折，造成了烟气中 NO_x 分布不均匀、流体场复杂的情况，使得基于初始设计的 NH_3/NO_x 浓度场不对应，引发局部氨逃逸量超过限值，进而引起氨逃逸率大幅度波动的问题。而未能完全反应的氨除直接排放污染环境外，还可能与烟气中的其他成分发生反应，造成反应器催化剂中毒或脱硝流程之后工艺的设备的腐蚀与损坏管道等。通过深入分析目前脱硝系统存在的主要问题，逐条指出喷氨流量分配控制的必要性。

1. 反应物浓度分布不均匀

目前，有关 SCR 脱硝系统的研究中，很大一部分仿真会以均匀的烟气流速、氮氧化物浓度分布作为前提，整体流场数值模拟仿真也常将此作为边界条件。然而在系统实际运行过程中，烟道横截面气体流速和反应物浓度场几乎不存在均匀的时刻，且随着燃烧工况的变化，诸如机组负荷指令改变、喷燃器摆角发生改变等情况，反应器入口烟道截面氮氧化物浓度场、烟气温度场偏差将进一步增大。针对这一情况，通常的做法是在烟道中安装烟气导流板和整流格栅，相关设计在一定程度上能够缓解反应物流场分布问题，但由于导流板与整流格栅设计源于静态数值模拟，且设备一旦安装其位置与角度均不再发生变化，使得系统无法实现全工况最优运行，由此可知，为避免烟气氮氧化物和氨逃逸量局部超标问题，为脱硝系统深度优化打下坚实基础，通过加装设备从而为脱硝喷氨系统动态优化提供实施平台有着重要意义。

2. 执行机构自动化程度低

喷氨子系统负责用作还原剂的氨喷入烟道的流程，是脱硝系统的执行机构。以烟道外墙为分界线，喷氨子系统又可分成喷氨与供氨两部分。喷头、喷氨格栅和部分管路位于烟道内属于喷氨环节；喷氨支管、联箱、供氨母管和相关阀门位于烟道外部属于供氨环节。位于烟道外部的喷氨子系统示意图如图 6-3 所示。

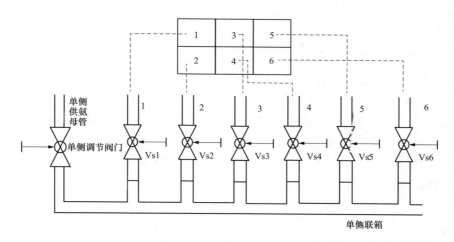

图 6-3　烟道外供氨执行机构示意图

在图 6-3 中，制氨系统通过对应侧供氨母管分别向 A/B 两侧烟道输送已经制备好的用作还原剂的氨。每一侧供氨母管上安装一个调节阀门，用于控制该侧烟道的总喷氨量；还原剂流经调节阀门后进入联箱，以确保每条喷氨支管路受到压力相同。实际现场中，单侧烟道喷氨支管数量远高于此，且不同现场数量与管径略有不同，图 6-3 中仅画出 6支作为代表。以某 600MW 机组为例，单侧支管数量可达 50 支，均匀分布在宽度 18.816m的联箱上。Vsl～Vs6 是喷氨支管阀门，优化改造之前为手动阀门，需要运行人员根据工况趋势定期调整，实际现场同样每根喷氨支管安装 1 个；与喷氨支管通过焊缝连接的是与烟道横截相平行的喷氨格栅，每根喷氨支管进入烟道后会进一步细分，但喷氨支管手动阀门之后位置不再有控制结构，使得每根支管在横截面上存在固定对应的喷氨区域，喷管有水平布置和竖直布置两种方案，包括喷头样式等设计均来源于流场数值模拟，这一部分为机械结构，关于控制优化的空间小。从本质上看，通过联箱结构的设置使每一路喷氨支管尽可能做到均衡，实现均匀喷氨，但烟道截面上氮氧化物的分布是不均匀的，且这种不均匀性是随机的、不具备可控性，从最终脱硝目的看，均匀喷氨相当于烟道截面上喷入的氨局部过量或不足；联箱上喷氨支管阀门依靠人工手动定期调节，调节过程只能依据历史大趋势和调节时刻的工况，当工况发生一定变化后，调试结果显然不再是最优值。总体而言，上述设备中有条件实现闭环控制的唯一设备是单侧总管调节阀门，对于整个执行机构部分而言，依靠该调节阀门不可能实现系统的高精度控制，因而对其进行一定程度的优化改造是必要的。

3．测量子系统反馈能力有限

对于未经过改造的 SCR 脱硝系统而言，其测量子系统仅由布置在两侧分支烟道内，位于脱硝反应器入口和出口安装在烟道截面正中心的共计 4 个测点组成，一方面为负责单侧烟道喷氨总量的单侧喷氨调节阀提供控制所需的状态反馈，另一方面也是计算脱硝效率、监督脱硝系统运行水平的依据来源。然而采用单一测点不可能反应出烟道横截面上被测量成分的浓度分布，准确反映氮氧化物实时分布情况势必引入多套测量系统。但是，分析仪表本身价格昂贵，从成本角度考虑，其可行性受到限制，增设多套测量设备方案必然加大初期投资，相比之下环保效益回收速度慢，特别是对于中小型民营企业势必缺乏负担这一改造的动力与决心；从技术角度分析，现有的氮氧化物分析仪表均为单通道形式且只针对纯净气体混合物，烟道中抽取的样气混杂大量粉尘，且温度过高，为避免设备损坏，进入仪表之前必须经过除尘、净化、干燥、降温等步骤，使得检测分析流程复杂，进一步提高了测量成本，同时也隐藏了相对较高的故障率，维护成本也成为重要开支项目。目前，在行业现场有关氮氧化物浓度分布的测量仍然依赖人工基于手持式分析仪表进行测量，使得所得数据仅能覆盖所选典型工况，通常用于实验目的而无法为实时控制系统运行提供足够支撑，总体分析参考价值十分有限。

综上可知，设备成本和技术复杂性问题制约了 SCR 脱硝测量子系统的发展与应用，而这与脱硝优化控制子系统对于测量反馈子系统与日俱增的要求矛盾，寻求一种简单有效、便于实施、经济性好的测量手段符合国家政策与企业需求，因此有必要对脱硝测量子系统进行一定程度上的优化。

4. 氨逃逸联锁影响

SCR 脱硝系统依靠化学反应实现脱硝目的，现有采样分析系统普遍设计了较大的储气空间，造成分析仪表测量值本质上是取样时间段内的烟气成分平均浓度，这也在一定程度上增加了测量系统迟延。测点位置氮氧化物浓度一旦偏高，会造成喷氨量在短时间内出现峰值并伴随有较大的氨逃逸情况。通常采用的过量喷氨策略，势必造成长期喷氨过剩从而使经济性和环保性大打折扣。

在脱硝反应器出口，未充分反应的氨与烟气中残留的 SO_3 在 150～200℃ 环境会生成黏稠性较高的 NH_4HSO_4，附着在空气预热器、低温省煤器和催化剂设备表面，造成设备腐蚀和催化剂中毒，特别对位于电除尘器前方的空气预热器，腐蚀最为严重；氨逃逸过量还会导致烟气脱硫（Flue Gas Desulfurization，FGD）废水及空气预热器冲水中含 NH_3；同时使得飞灰中出现氨盐，改变飞灰品质。由此可见，为避免氨逃逸发生连锁危害，有必要对脱硝设备进行优化改造，为提升系统安全性、经济性做好足够准备，打下脱硝优化的坚实基础。

通过以上分析，对 SCR 脱硝系统进行喷氨支管调门改造，以及在 SCR 反应器出口处加装烟道分区测点，为喷氨流量分配控制的实现提供物理基础，进而实现喷氨流量的分配控制，对于降低氨逃逸率和缓解空气预热器堵塞有着重要意义。

6.2 分区喷氨的设计与改造

一、烟道分区的网格法设计

由火电 SCR 脱硝原理及特性可知，在烟道截面不同位置有针对性地控制喷入的氨量，能够有效解决烟道截面局部喷氨过量或不足的问题，从而实现系统整体的优化。以国内某燃煤火电厂尾部烟道 A 侧为例进行说明，该厂单侧烟道装设喷氨支管达 40 支，每根支管通过连接弯管进入烟道，独立对一个矩形区域内的喷头进行供氨，因而可将烟道横截面均匀地划分成 40 个面积相等的小矩形，所有矩形单位在烟道内部同一平面上。烟道横截面喷氨支管供氨区域分布如图 6-4 所示。

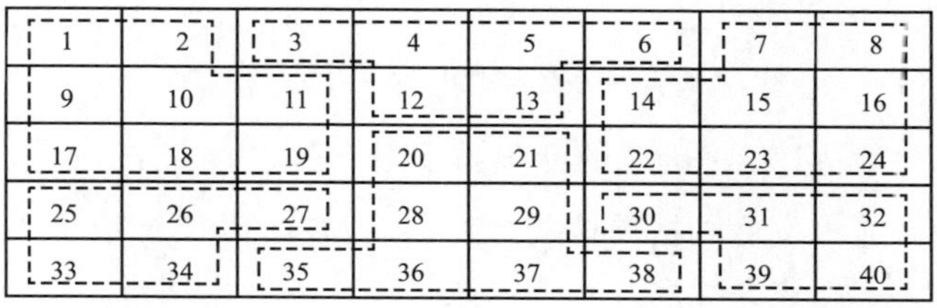

图 6-4　实际一侧烟道截面分区图

考虑到烟道内部喷氨格栅改动将破坏原有流场平衡，进而需要对烟道内导流板与混合器等静态设备重新计算布置，工作量与成本必然大幅增加，且基于数值模拟仿真的静态改造无法实现全工况最优，内部改造性价比有限，因此对于喷氨支管深入烟道内的部分保持初始设计。在这一前提下，小矩形区域即成为网格法脱硝烟道横截面区域分割的最小单位。

从控制角度分析，烟道截面划分细致程度越高，局部控制效果越好，综合控制品质必然更优。然而若对于每根喷氨支管都进行加装改造，以图 6-4 示例中的系统对象在不考虑后期维护成本的情况下，按照国产阀门单价 2 万元标准计算，两侧烟道仅调节阀门采购成本已达 160 万元，加上测量设备采购、施工等，过高的成本很难被项目参与单位接受。由此可见，对喷氨支管进行合并再进行控制，即扩大单条支路在烟道横截面上的作用范围，如图 6-4 中虚线所示，可有效平衡成本与精度的问题，基于此引入改进的差分进化算法设计了网格法烟道截面优化分区方案。

以烟道截面作为 x-y 平面，对于烟道划分的最小单位矩形区域，设计表征函数 w 有

$$w(x,y) = a \times P(x,y,L) + b \times Q(x,y) \tag{6-1}$$

$$P(x,y,L) = \sqrt{\frac{1}{N}\sum_{L=1}^{N}[C_L(x,y)-\mu]^2} \tag{6-2}$$

$$Q(x,y) = C_{L=\max}(x,y) \tag{6-3}$$

式中　L ——负荷；
$P(x,y,L)$ ——最小子区域氮氧化物浓度均值在不同负荷情况下的标准差；
$C_L(x,y)$ ——负荷等于 L 时刻区域氮氧化物浓度均值；
$Q(x,y)$ ——特殊情况，即额定负荷下对应区域氮氧化物浓度均值；
μ ——不同负荷条件下区域氮氧化物浓度均值的平均值；
a、b ——相应的权重系数；
N ——选择的负荷点数量。

设计选用不同负荷条件对应的氮氧化物浓度计算标准差，加权修正区域氮氧化物均值，得到子区域综合分布表征数据。对于烟道截面而言，即形成了一个与子区域数量相

同，行与列分别对应烟道截面长度方向与宽度方向子区域数量，能够反应截面整体分布情况的矩阵。此时位置划分问题即转化为求取矩阵面的极值问题。

对于带有位置编码的数据寻优问题，针对性地引入优化实数编码算法，即差分进化寻优。针对本例种群初始化有

$$x_{ij} = rand(M,1)(x_{ij}^U - x_{ij}^L) + x_{ij}^L \qquad (6-4)$$

式中：x_{ij}^U 和 x_{ij}^L ——对应第 j 维因子的上限与下限，其中 j=1,2；

M ——随机宽度网格单位的数量，有 $M=i$，最终形成了 M^2 个覆盖在适应度界面的寻优点，各点组成了整体的寻优网格。

为保证覆盖的全面性，引入变异、交叉有

$$\theta_{ij}(d+1) = x_{aj}(d) + rand(1,1)[x_{bj}(d) - x_{cj}(d)] \qquad (6-5)$$

$$\rho_{ij}(t+1) = \begin{cases} \theta_{ij}(d+1), X \leqslant CR \\ x_{ij}(d), A > CR \end{cases} \qquad (6-6)$$

式中 d ——进化代数，变异过程随机抽取单个因子上的 3 个点，通过 3 个点的重组组合生成新的点，所得结果作为下一代的点，其中 $x_{aj}(d) \neq x_{bj}(d) \neq x_{cj}(d)$。

交叉过程取随机数与交叉概率 CR 相比，若随机结果不大于 CR，则将变异结果确定为用于下一代运算的点，随机结果大于 CR，则忽略上一次变异操作，其中 $A = rand(1,1)$。

寻优结果即得到目标矩阵平面的极值，根据极值点在烟道界面的分布，可以认定两临近极值点的中线即区域划分界限。对应图 6-4 所示案例具体说明如图 6-5 所示。

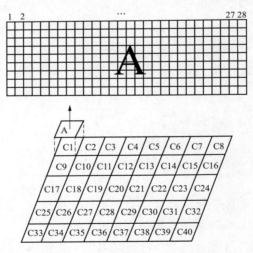

图 6-5　网格法烟道截面优化分区法示意图

图 6-5 所选烟道截面与图 6-4 相同，为单侧拥有 40 支喷氨支管的脱硝对象系统，C1～C40 分别表示对应子区域内计算得到的子区域特征数据。用网格对整个烟道截面进行覆盖寻优，网格中的交点即潜在的极值点。变异与交叉的实质过程是水平或竖直移动网格边线，避免网孔对寻优目标的遮漏。实际烟道中各子区域间没有隔离，氨氧化物浓度分

布也不可能完全对应子区域边界，考虑到设备安装空间等因素，计算所得的分区优化结果还需进一步人工修正，最终结果将呈现出类似图 6-4 中虚线的形式。

二、脱硝执行系统优化改造

根据已有的分区结果，对脱硝喷氨执行子系统进行优化改造，如图 6-6 所示。

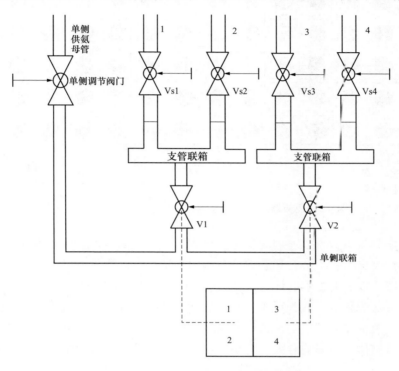

图 6-6　喷氨执行系统改造结构示意图

图 6-6 中，Vs1～Vs4 表示原有喷氨支管手动阀门；V1、V2 为增设的调节阀门。调节阀门下方连接对应侧的供氨母管，上方连接新增设的支管联箱。由图 6-6 可知，优化改造未改变单根喷氨支管所供给的区域，改造的本质是将原有管路重新排列融合，通过增设调节阀门和支管联箱结构实现烟道截面与优化分区的对应，提供了实现针对性喷氨优化的设备基础。调节阀门 V1 所控制的区域是优化改造前原 1 号喷氨支管和 2 号喷氨支管的对应区域，调节阀门 V2 所控制的区域是优化改造前原 3 号喷氨支管和 4 号喷氨支管的对应区域，仅画出增设的两个调节阀门用作说明，现场实际管路合并与区域划分需综合参考实际数据与模拟计算结果决定。

三、脱硝分区测量系统优化改造

增设的测点应位于烟道中划分区域中心，测点及调节阀门优化改造对应区域示意图如图 6-7 所示。

图 6-7 反映了烟道内区域划分与设备布置情况，Vc0 是 A 侧烟道喷氨总量调节阀门，Vc1～Vc6 为加装的喷氨支管调节阀门，每个调节阀门分别用于控制一个子区域；黑色圆点表示喷头，所有喷头等间距均匀布置在烟道截面上，其安装方向与纸面垂直，指向

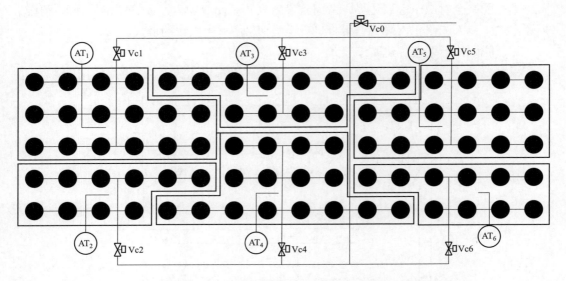

图 6-7　反应器入口烟道截面调节阀门及测点分区示意图

烟道下游，实际喷头数量以各现场实际设计为准，以上仅作为示意；各分区内小矩形表示氨氧化物浓度探头，个数与加装的调节阀门数量一致；探头将样气送与送气变送器转化为控制系统可以识别处理的信号，变送器即图 6-7 所示 $AT_1 \sim AT_6$。受烟道实际尺寸与子区域划分形状的影响，探头很难安装在各区域的中心位置，采样数据参与控制运算之前还须正交变换折算处理，这也使得某区域反应物浓度成为多个测点权换算的结果，某一测点损坏对整体系统影响有限，也在一定程度上增强了其抗扰性。

6.3　分区喷氨测量方法

一、分区轮测方法

　　喷氨流量分区控制的关键反馈参数为各分区 NO_x 测量值，因此开展各分区 NO_x 浓度场的准确测量。分区轮测技术的采样流程如图 6-8 所示，采用 1 台烟气分析仪分时测量同一时刻不同区域的 NO_x 浓度，从而得到 NO_x 的浓度场。采用气路设计使各分区每一路烟气同时采样后，通过管路的设置使采样烟气顺序到达烟气分析仪，采样烟气到达烟气分析仪的时间间隔与烟气分析仪的烟气分析时间相一致，并在每一路采样烟气进入分析仪前设置有控制电磁阀，同一时刻只打开一路电磁阀，使一路烟气进入采样烟气汇流管，其余各路烟气进入排空烟气汇流管。各分区采样烟气按照固定时间间隔顺序到达烟气分析仪，相应打开对应的电磁阀进行测量，从而实现各分区烟气的轮测，每测完一轮，可获得一组同一时间的 NO_x 浓度场数据。多分区采样轮测技术不仅可以在线实时监测同一截面 NO_x 浓度场分布情况，而且实现了所采样气为同一时刻的烟气，保证测量结果有效反映 NO_x 浓度的真实分布情况，从而为各分区精准喷氨控制提供准确的数据支撑。

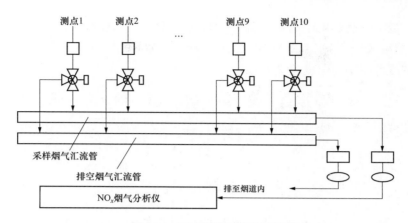

图 6-8　分区轮测采样流程图

二、直插式原位测量方法

直插式原位在线 NO_x/O_2 双组分快速测量分析装置如图 6-9 所示，由采样枪、采样控制箱和变送器三部分组成，具有结构简单、安装维护方便、响应速度快、测量准确，以及烟道原位安装、无需复杂的取样系统等特点。

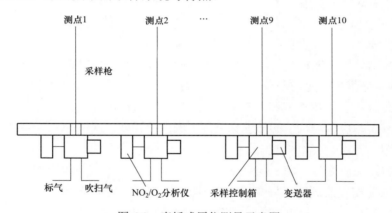

图 6-9　直插式原位测量示意图

直插式在线 NO_x/O_2 分析仪化检测探头为直接插入烟道安装模式，探头采取喷射负压取样原理，可以同时测量 NO_x 和 O_2 双组分，直接工作在高温、高污染的烟气中，系统简单可靠，检测尾气直接返回烟道，避免二次污染。直插式原位测量技术需要根据分区数量分别对应设置烟气分析仪，烟气分析仪与分区一一对应，可以同时测量各区的 NO_x 浓度分布，为各分区精准喷氨控制提供准确的数据支撑，也可以分别单独控制，故障检修及设备维护具备一定的灵活性。

6.4　分区喷氨控制策略

一、分区控制目标

分区喷氨控制的主要目标是使 SCR 反应器出口 NO_x 质量浓度分布尽量均匀，依据

T/CEC251—2019《燃煤电厂烟气脱硝（SCR）系统喷氨优化技术导则》规定的技术指标，采用喷氨格栅的烟气脱硝（SCR）系统，SCR 反应器出口 NO_x 浓度分布不均匀度小于 20%，其中 NO_x 浓度分布不均匀度定义为

$$E_x = \frac{1}{n}\sum_{i=1}^{n} x_i \tag{6-7}$$

$$\sigma_x = \sqrt{\frac{1}{n-1}\sum_{i=1}^{n}(x_i - E_x)^2} \tag{6-8}$$

$$v_x = \frac{\sigma_x}{E_x}\times 100\% \tag{6-9}$$

式中　E_x——测量截面所有测点 NO_x 浓度的算术平均值，mg/m^3；

　　　σ_x——测量截面 NO_x 浓度分布的标准偏差；

　　　v_x——测量截面 NO_x 浓度分布的不均匀度，%；

　　　n——测量截面上测点的数量；

　　　x_i——测量截面上每个测点测得的 NO_x 浓度值，mg/m^3。

二、传统分区均衡控制策略

为了消除 SCR 入口 NO_x 浓度分布不均匀对出口 NO_x 浓度控制的影响，避免局部大量氨逃逸的生成，各分区设置独立的调节门对喷氨量进行分配。

分区阀控制采用均衡控制算法，对喷氨格栅各调阀进行"细调"。首先，根据各分区入口 NO_x 浓度测量值（考虑到分区调阀为"细调"，主要调节分区偏差，对总喷氨量影响很小，因此直接采用测量值），对各区域调节阀给出基本开度指令；其次，根据 SCR 出口各区域 NO_x 浓度值与均值的偏差修正各区域阀门开度，保证 SCR 各喷氨小室氨氮摩尔比均匀。

均衡控制算法依据各分区 NO_x 测点的实时测量值，为了减小出口 NO_x 的浓度偏差使区域间 NO_x 浓度相互兼顾，对每个喷氨阀门进行细调。根据网格测量法的分区，均衡控制器有 n 个输入，分别为 SCR 出口 n 个测点测得的浓度 NOx_i 与平均值 NOx_{ave} 之差 δi；n 个输出分别控制对应的喷氨阀门。当测得某分区出口 NO_x 的 δ 大于给定的目标偏差时，差值为正则开大此区域阀门，反之关小阀门。当 δ 达到目标值时，停止均衡。其计算式为

$$\Delta NOx_i = NOx_i - NOx_{ave}$$

$$\Delta f = \begin{cases} k^+ \times \Delta NOx_i (\Delta NOx_i > 0) \\ k^- \times \Delta NOx_i (\Delta NOx_i < 0) \end{cases} \tag{6-10}$$

式中　Δf——阀门开度修正值，为尽量减小 SCR 出口 NO_x 浓度，避免阀门开度过大，阀门开度系数 k^+、k^- 应取不同值。

三、先进分区均衡控制策略

先进分区均衡控制策略体现在分区喷氨调门引入了前馈控制以快速适应机组变工况的需求，以及引入了预测控制技术实现了分区调门的动态精准控制。

1. 前馈补偿控制策略

依据机组历史运行数据及试验测试数据，建立一套系统专家规则，在机组工况发生变化时，能够快速运算出各分区调节阀开度的分布图，实现系统快速响应。前馈控制器有快速补偿的作用，能够有效克服变工况时系统的滞后性。多模式模糊推理器可以根据不同的工况组合推理出各个阀门对应的开度输出，作为喷氨阀门的开度指令。其输入量一般为机组负荷、磨煤机组合方式（MILL）、烟气含氧量（O_2）、SOFA 风挡板开度、COFA 风挡板开度和燃烧器摆角（TILT）等。

为建立专家规则库，一般需在不同工况下对 SCR 系统的 A、B 侧进行调平试验。具体步骤为：在稳定负荷下，首先将所有喷氨电动阀门开到 75%，控制 SCR 出口 NO_x 浓度不超标，通过手动调节喷氨阀门减小 NO_x 浓度相对标准偏差，使 NO_x 浓度场分布更加均匀，并记录当前喷氨格栅阀门调节开度和 NO_x 浓度分布情况；然后逐步调整 O_2、SOFA、COFA、MILL 和 TILT 的大小并再次对阀门微调，确保 NO_x 偏差小于 12%。

其中，浓度偏差 δ 定义为

$$\sigma = \sqrt{\frac{1}{N}\sum_{i=1}^{N}(x_i - \mu)^2} \tag{6-11}$$

试验负荷选择 100%、85%、75%、60%、50%、40%，并对 SCR 喷氨格栅进行调平试验。根据在不同工况下的调平试验阀门开度数据，建立规则库，规则库中的模糊规则充分反映在不同工况组合下的 n 个阀门开度修正值，很好地修正阀门在变工况时的动作。

2. 基于预测控制的分区均衡控制技术

首先，建立各分区喷氨量与分区出口 NO_x 浓度之间的动态特性模型，以各分区实时测量的出口 NO_x 浓度作为反馈值，各分区出口 NO_x 浓度的平均值作为各分区 NO_x 浓度的设定值，采用预测控制方法实现各分区出口 NO_x 浓度之间的解耦控制。

6.5 分区喷氨工程应用

一、概述

某国产机组锅炉为超临界 660MW 燃煤汽轮发电空冷机组，锅炉型号为 HG2210/25.4-YM1，螺旋管圈加垂直管屏直流炉，单炉膛、一次中间再热，采用变压运行及切圆燃烧方式，平衡通风，固态排渣，全钢悬吊结构 II 型锅炉。机组脱硝系统采用选择性催化还原脱硝系统工艺，脱硝系统入口 NO_x 浓度按 600mg/m³、脱硝效率 70% 设计，催化剂采用 1+1 层布置，初装催化剂采用板式催化剂。为满足国家污染物超低排放标准，该厂对原预留层催化剂进行了加高处理并进行了加装，采用两层催化剂同时运行，设计入口 NO_x 浓度小于 400mg/m³，设计脱硝效率 87.5%，出口 NO_x 浓度小于 50mg/m³。反应器采用高尘布置工艺，即反应器布置在锅炉省煤器出口与空气预热器之间。每套脱硝系统设置两个反应器，每个反应器内的每层催化剂模块数为 88 块。SCR 控制系统接入机组 DCS，脱硝系统采用声波吹灰方式，吹灰器装在每个催化剂层的上方。2 台机组脱硝系

统共用 1 套液氨储存与供应系统。

该厂通过对原预留层催化剂进行了加高处理并进行了加装，进一步提升了 NO_x 在脱硝反应器中的转化效率，但是，脱硝效率的提高带来 SCR 反应器氨逃逸整体过量、过大，喷氨量过大和喷氨不均的问题。与此同时，SCR 催化剂使用量的增加促进了烟气中 SO_2/SO_3 转化率升高。SCR 反应器逃逸的 NH_3 与烟气中 SO_3 反应生成 NH_4HSO_4。NH_4HSO_4 被烟气带入下游空气预热器和低温省煤器等设备，引发下游设备（特别是空气预热器）堵塞，造成引风机电耗上升，影响安全性和经济性。因此，该厂对 SCR 脱硝系统进就行了分区喷氨改造，通过改进脱硝装置喷氨管路分布，在线检测 SCR 出口 NO_x 浓度分布实时数据，实现喷氨量分区调节，改善燃煤机组超低排放改造后局部流场不均，喷氨量过大的问题。

二、分区喷氨改造方案

1. 技术方案

机组配套脱硝系统采用 SCR 工艺，催化剂采用 2 层布置。此次改造是在第二层技术改造的基础上进行。SCR 分区喷氨控制技术由分区喷氨管路模块、SCR 出口 NO_x/O_2 浓度巡测模块和控制模块构成。分区喷氨管路模块由 1 根喷氨母管和 4 个分区母管组成，如图 6-10 所示。分区母管将反应器均匀分割为 4 个独立的喷氨区域。分区母管下游增设分区支管、调平阀、支管调节阀和氨质量流量计，用来精确调控分区喷氨流量。NO_x/O_2 浓度巡测模块安装在 SCR 进、出口水平烟道和空气预热器进口之间，利用网格法测定喷氨区域 NO_x 浓度。

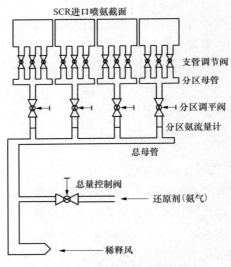

图 6-10 分区喷氨管路模块

控制模块为独立运行的分散控制系统，其作用在于协调 NO_x/O_2 浓度巡测模块和分区喷氨管路模块，实现分区精确喷氨。当 NO_x/O_2 浓度巡测发现某分区 NO_x/O_2 浓度存在偏差时，控制模块提供调平阀开度值并将其传送至调节阀驱动系统，快速调节分区喷氨流量和改变分区 NO_x 浓度值。

2. 方案实施

按照技术方案对原喷氨母管改造，降低原喷氨母管高度 500mm，在其上方 1200mm 处新增 DN600 喷氨母管及 DN200 的分区支管，锅炉每侧脱硝烟道增加 1 个喷氨母管和 4 个分区支管，并在支管上增加流量计、调节阀和手动阀。对分区喷氨测量系统进行安装，在每侧的脱硝反应器进、出口烟道内各布置 4 根取样枪，一共布置 16 根取样枪，然后每 4 根取样枪引出取样支管汇至一次取样切换装置，然后每个模块再设置 DN150 的取样总管，在取样总管上设置二次取样预处理装置、氨逃逸安装装置（只设置在出口取样中）和取样总阀等装置。对 SCR 分区喷氨控制系统与原 DCS 进行通信，对分区喷氨控制系统进行安装、组态及调试工作。

三、分区喷氨应用效果

1. 改造后的 NO_x 浓度场分布情况

SCR 出口 NO_x/O_2 浓度分布是验证 SCR 分区喷氨控制技术是否可行的关键指标。采用网格法测试 SCR 出口 NO_x/O_2 浓度分布。脱硝反应器左侧和右侧烟道分布命名为 21 和 22 侧烟道。SCR 分区喷氨控制技术将脱硝反应器分为 8 个独立的分区。通过布置在脱硝出口水平的烟道侧墙上 36 个测点完成分区 NO_x/O_2 浓度测试。脱硝反应器测点分布如图 6-11 所示。

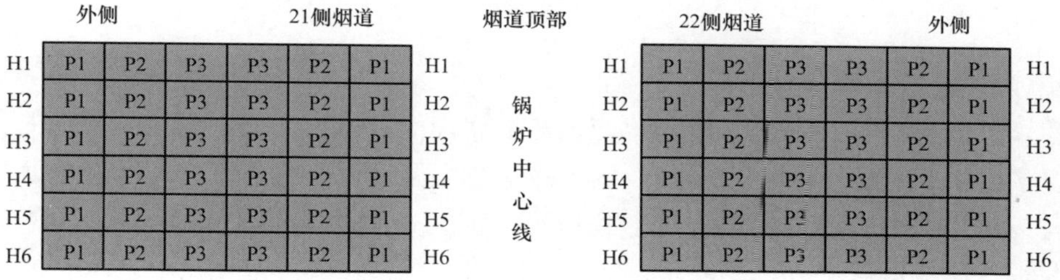

图 6-11 脱硝反应器 NO_x/O_2 取样测点分布位置

对于 SCR 出口 NO/O_2 浓度分布状况，采用标准偏差 S 来进行评价。其计算式为

$$S = \sqrt{\frac{1}{N-1}\sum_{i=1}^{N}(x_i - \bar{X})^2} \tag{6-12}$$

式中　$\bar{X}$ ——平均值；

　　　x_i ——局部值；

　　　N ——测点数量。

在改造前计划将改造后同一烟道 NO_x 的测量值的标准偏差控制在 8mg/Nm³ 以内。图 6-12 为 600MW 稳定运行负荷下，SCR 分区喷氨控制系统运行后，SCR 出口 NO_x 浓度（标态、干基和 6%O_2）分布柱状图。

图 6-12 中，反应器 21 侧烟道入口 NO_x 浓度范围为 306.2～343.8mg/m³，反应器 22 侧烟道入口 NO_x 浓度范围为 294.2～315.2mg/m³。原机组（未加装 SCR 分区喷氨控制系统）设计脱硝效率为 87.5%，出口 NO_x 浓度不大于 50mg/m²。但是，从图 6-12 中可以看出，现机组烟气经过脱硝反应器后，SCR 反应器 21 和 22 侧烟道出口 NO_x 浓度平均值分

91

别下降至 30.86、34.32mg/m³，脱硝效率 89.92%～91.96%。SCR 出口 A/B 侧烟道 NO_x 浓度分布标准偏差分别为 7.40、7.74mg/m³，两侧标准偏差均小于 8mg/m³，满足改造前的设计目标。SCR 分区喷氨控制系统增加不仅可以满足国家 NO_x 超低排放要求，而且明显提高脱硝效率，均布脱硝喷氨流场。

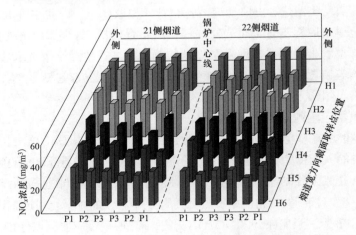

图 6-12　SCR 出口 NO_x 浓度在烟道不同位置分布

2. 改造前后空气预热器阻力的变化

燃煤机组 NO_x 排放越低，脱硝反应器需要比表面积越大。催化剂比表面积的增大会促进更多 SO_2 转化为 SO_3。当空气预热器冷端排烟温度低于酸露点时，逃逸的氨与烟气中 SO_3 反应生成的 NH_4SO_4 造成空气预热器阻力上升，导致引风机电耗上升。图 6-13 为喷氨控制系统改造后空气预热器压差随运行时间的变化趋势。

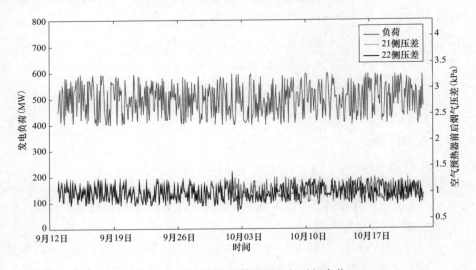

图 6-13　空气预热器差压随运行时间变化

从图 6-13 中可以看出，SCR 反应器两侧出口空气预热器差压偏差趋于一致，且随着运行时间的延长，两侧空气预热器差压比较稳定，无上升趋势。

表 6-1 为 SCR 分区喷氨系统改造前后机组平均负荷为 510MW 时空气预热器差压值的变化情况。

表 6-1　　　　　　　　SCR 分区喷氨系统改造前后空气预热器压差

空气预热器	烟气差压（kPa）		平均负荷（MW）	
	改造前	改造后	改造前	改造后
21 侧	1.22	1.04	501.03	501.70
22 侧	0.92	0.99	501.03	501.70

系统投运前，两台空气预热器差压平均值为 1.073kPa，且两台空气预热器差压偏差约 300Pa；系统投运后，两台空气预热器差压平均值为 1.019kPa，比系统投运前下降 54Pa。

3. 改造后 SCR 喷氨总量变化特性

为了定量分析 SCR 分区喷氨控制系统改造后机组喷氨总量的变化情况，选取了机组改造前、后两个月的主要相关数据进行对比分析，如表 6-2 所示。

从表 6-2 数据可知，SCR 在平均负荷为 501.5MW 时分区喷氨控制系统改造前两个月内，平均脱除 NO_x 浓度为 284.1mg/m³ 时，对应的两侧平均喷氨量为 104.5kg/h；改造后两个月内，平均脱除 NO_x 浓度为 272.4mg/m³，对应的两侧平均喷氨量为 92.8kg/h。分区喷氨项目完成后，平均脱除 NO_x 浓度下降约 4.1%，而总喷氨量下降约 11.2%，换算到平均脱除 NO_x 浓度相同的情况下，总喷氨量下降约 7.1%。

表 6-2　　　　　　　　SCR 分区喷氨系统改造前后相关参数对比

项目		平均负荷（MW）	SCR 入口单侧 NO_x 浓度（mg/m³）	SCR 入口两侧平均 NO_x 浓度（mg/m³）	SCR 入口处两侧喷氨量（kg/h）	SCR 入口两侧平均喷氨量（kg/h）	烟囱入口 NO_x 浓度（mg/m³）	平均脱除 NO_x 浓度（mg/m³）
改造前	21 侧	501.5	324.3	325.2	107.9	104.5	41.1	284.1
	22 侧	501.5	326.1	325.2	101.0	104.5	41.1	284.1
改造后	21 侧	501.7	316.8	315.1	92.7	92.8	42.7	272.4
	22 侧	501.7	313.3	315.1	93.0	92.8	42.7	272.4

SCR 脱硝系统的运行与维护

7.1 SCR 脱硝系统的启动

一、启动前的准备工作

在 SCR 脱硝系统启动前，要对 SCR 脱硝系统相关的所有设备、烟道、开关、阀门、电控设施等进行检查，以确认相关的设备或系统处于良好的状态。

1. SCR 反应器检查

（1）确认反应器外形及内部构建没有变形或损坏，反应器内无杂物。

（2）确认催化剂层之间没有堆积物或积灰。

（3）反应器蒸汽吹灰或声波吹灰器冷态试验正常。

（4）反应器入、出口在线仪表及相关检测设备已调试完成，可以正常工作。

2. 烟道系统检查

（1）烟道本体及保温无泄漏、腐蚀现象。

（2）烟道支撑完好，无损坏、变形现象。

（3）烟道膨胀节连接完好，无破损及损坏现象。

（4）烟道人孔门、测量孔已封闭。

3. 喷氨系统检查

（1）系统内所有的阀门已送电、送气，阀门开关位置准确，反馈正常。

（2）喷氨系统流量计已校验，运行正常。

（3）喷氨系统相关仪表显示正常并校验合格，能正常投运。

（4）喷氨格栅的手动阀开度已调整，满足运行条件。

（5）稀释风机试运合格，转动部分润滑良好，动力电源已送上。

（6）SCR 脱硝系统相关热控设备已送电，工作正常。

4. 液氨蒸发及储存系统（还原剂来自液氨蒸发）

（1）系统内所有的阀门已送电、送气，阀门开关位置准确，反馈正常。

（2）液氨储存系统液位正常且不超过高限值。

（3）卸料压缩机各部件完后，润滑油位正常，安全设施齐全，随时具备正常启动卸氨。

（4）氨气泄漏报警仪工作正常，仪表检测合格。

（5）氨气稀释槽已注水，液位满足要求。

（6）废水池废水泵试运正常，满足随时启动条件。

（7）液氨泄漏及储存系统仪表校验正常，能正常投运，显示准确。

（8）管道及表计无泄漏。

5. 尿素水解及储存系统（还原剂来自尿素水解）

（1）系统内所有的阀门已送电、送气，阀门开关位置准确，反馈正常。

（2）尿素储罐液位及温度正常。

（3）尿素溶液管道伴热已投运，运行正常。

（4）尿素溶解罐本体及加热管道无泄漏。

（5）尿素卸料斗式提升机润滑油位正常，连接部位完整，冷态试运合格。

（6）尿素制备及储存输送系统的所有泵，润滑油位正常，试运合格。

（7）蒸汽管德及水解器安全阀校验正常。

（8）尿素水解器本体检验合格，无腐蚀及泄漏现象。

（9）尿素产品气管道伴热已投运，伴热装置运行正常，满足产品气伴热温度要求。

（10）尿素水解器本体仪表校验合格，能正常投运，显示准确。

6. 尿素热解系统（还原剂来自尿素热解）

（1）电气系统设备已带电，已投入运行。

（2）热控系统各测量仪表显示正常，已投入运行。

（3）有关设备、系统的联锁保护、报警及就地事故按钮和功能组的检验完成，动作正确、安全、可靠。

（4）绝热分解室、暖风器内部清洗干净，无杂物存留。

（5）稀释风机具备运行条件。

（6）压缩空气系统管道已投入使用。

（7）除盐水管道已冲洗干净，投入使用。

（8）系统各电动门、调节阀开关方向正确，动作灵活好用。

（9）系统设备已挂牌，电气开关、按钮，以及热控测点等标识齐全，挂牌编号、名称和各种标识与实际相符。

（10）尿素溶液制备完毕，能满足要求。

（11）检查就地手动门已经按照启动要求开启。

7. 仪表系统

校准每台仪表的精度和安装位置，确保每台仪器处于待机工作状态，具体包括烟气分析仪、流量、压力和温度变送器，控制系统的回路指令控制器，就地压力、温度和流量指示器等。

8. 启动前的试验工作

（1）电缆连续性试验。

（2）动力电缆和仪用电缆的绝缘电阻试验。

（3）氨气、氮气、杂用气和仪用空气管道进行泄漏试验。

（4）按运行手册检查带执行机构的控制阀和切断阀，确认能满量程操作。

（5）动力设备启停试验。

（6）开关、气/电动阀门等信号远方传动试验。

（7）联锁保护试验。

二、脱硝系统启动过程

脱硝系统的启动，一般根据锅炉运行情况，先投入 SCR 烟气脱硝的稀释风系统及吹灰系统，防止管道及催化剂积灰堵塞，待脱硝入口烟气温度满足投运条件后，再投入脱硝还原剂制氨系统，向脱硝反应区进行供氨并稳定供氨压力进行烟气脱硝。

1. SCR 系统启动的基本条件

（1）锅炉正常运行，脱硝入口烟气温度满足催化剂投运温度。

（2）SCR 系统的受电是整个系统启动的基础，SCR 系统应有分开的独立电源。

（3）仪用空气投运正常，保证各用气设备及阀门受气正常，运行气源满足使用要求。

（4）管道伴热系统投运，伴热温度满足要求。

2. SCR 系统启动的基本步骤

（1）如采用尿素作为原材料则对水解器出口管道进行蒸汽吹扫，保证管道畅通，并补充永解器液位至正常工作液位，然后对水解器升温至热备用状态。

（2）如采用液氨作为原材料则对蒸发器出口管道及喷氨管道进行氮气吹扫，并补充蒸发器热媒液位至正常工作液位，然后升温至 40℃ 做启动准备。

（3）投运稀释风系统，所有稀释风系统上的阀门应保持开启状态，风量满足运行要求。

（4）投运吹灰系统，对于采用声波吹灰器的 SCR 工艺，烟风系统建立后，投运声波吹灰器程序控制；对于采用蒸汽吹灰器的 SCR 工艺，宜在锅炉点火后 8h 内投入 SCR 蒸汽吹灰系统。

（5）投运 CEMS 系统，CEMS 系统实时监测烟气中氮氧化物浓度及脱除效率。

（6）投入氨气制备及喷氨系统。锅炉点火后脱硝入口烟温满足催化剂运行烟温即可投运脱硝喷氨系统。

3. 液氨蒸发系统（还原剂来自液氨蒸发）的启动

（1）卸氨操作。

1）液氨系统氮气吹扫置换合格，液氨储存具备进氨条件。

2）还原剂制备区氨稀释系统投入自动。

3）还原剂制备区废液排放系统投入自动。

4）液氨储罐降温喷淋投入自动。

5）还原剂制备区氨泄漏报警装置投入自动。

6）按操作票对系统阀门状态进行确认，阀门处于正确位置，管道内不得存在积水或杂物。

7）检查液氨槽车，允许合格槽车进入现场，并对车辆本体接地。

8）把液氨接卸系统的气、液相接头与槽车的气、液相接头进行连接，连接可靠。

9）打开氨系统气相管道上阀门。

10）打开氨系统液相管道上阀门。

11）微开液氨槽车液相阀门，检查无泄漏后缓慢打开至设计流量。

12）当槽车压力与液氨储存压力相差 0.1~0.2MPa 时，微开液氨槽车上的气相管道阀门，检查确认充装管道与法兰连接无泄漏后，缓慢全开此阀门。

13）按照卸氨压缩机正常启动步骤，启动卸氨压缩机，并调整压缩机出口压力。

14）当液氨槽车液位指示为零或液氨储罐液位达到设计规定液位后，关断液氨储罐上的液相进口阀和气相出口阀，同时停止卸氨压缩机，关闭卸氨压缩机进出口阀。

15）关闭液氨槽车上的气相截止阀。

16）关闭液氨槽车上的液相截止阀。

17）吹扫气、液相卸氨管道。

18）取下连接液氨槽车与液氨储罐槽车的气、液相万向充装管道，确认分离完全后，槽车驶离。

（2）液氨蒸发系统启动。

1）检查、关闭液氨蒸发器排污阀。

2）检查、关闭气氨缓冲罐排污阀、出口阀。

3）向液氨蒸发器加入热媒至正常液位。

4）启动液氨蒸发器热媒循环泵系统至正常运行。

5）投入液氨蒸发器热媒温度控制器，使热媒加热至设计值。

6）启动液氨输送泵（若有）至正常运转。

7）将液氨蒸发器液氨入口调节阀切换至手动模式，缓慢开启液氨蒸发器液氨入口调节阀，使蒸发器缓慢提升压力至设计值。

8）将氨气缓冲罐入口调节阀切换至手动模式，缓慢开启氨气缓冲罐入口调节阀，使缓冲罐缓慢提升压力至设计值。

9）待液氨蒸发器压力温度后，将各压力控制阀投入自动。

4. 尿素水解系统的启动（还原剂来自尿素水解）

（1）检查、关闭水解器表面及底部排污阀。

（2）检查、关闭水解器气液相泄压阀。

（3）如初次启动则先向水解器补充一定液位的除盐水，然后再补充尿素溶液至设定值。

（4）打开水解器蒸汽入口阀，提升水解器温度、压力至设定值。

（5）水解器压力达到设定值后，打开水解器产品气出口阀%%%至脱硝反应区，并调节出口压力在工作范围内投入自动控制。

5. 尿素热解喷系统的启动（还原剂来自尿素水解）

（1）启动一台稀释风机，另外一台稀释风机备用。

（2）开启炉前喷氨雾化系统。

（3）开启稀释泵进口阀，主控启动稀释泵，检查压力正常。

（4）开启尿素泵入口阀，主控启动尿素泵，检查压力正常。

（5）调整尿素水调节阀和稀释水调节阀，根据锅炉负荷调整尿素及稀释水流量（浓度控制在 10%）。

7.2 SCR 脱硝系统的运行调整

SCR 脱硝系统主要包括 SCR 反应区和还原剂制备区。脱硝系统运行过程中，需要经常对运行参数和系统进行调整，主要目的是在保证机组稳定运行、保护下游设备不受影响的同时尽量提高脱硝系统运行经济性。

一、SCR 反应区运行调整

1. 主要调整项目

（1）喷氨量调整。根据锅炉负荷、燃料量，反应器入口 NO_x 浓度和脱硝效率调节喷氨量，当氨逃逸超过设定值时，减少喷氨量，使氨逃逸降至设计值，如机组工况波动较大可调整为手动喷氨控制，稳定喷氨量及脱硝烟气参数，但工况相对稳定后可尝试投入喷氨自动控制并随时保持观察喷氨量及烟气参数。

（2）稀释风调整。根据脱硝效率对应的最大喷氨量设定稀释风流量，使氨/空气混合物中氨的体积浓度小于 5%，确保氨/空气混合器压力稳定，氨与空气混合均匀，在停止喷氨后稀释风机也需要随锅炉的运行一直投运。

（3）喷氨均布调整。当脱硝效率较低而局部氨逃逸率过高时，调整喷氨混合器流量控制门，以使氨逃逸率分布均匀。但喷氨混合器的优化调节应该在机组额定或者长期运行的负荷下进行，优化调节采取循序渐进的方式进行：首先在脱硝效率为设计值的 60% 时进行调节，使出口 NO_x 浓度分布均匀，然后逐渐增加脱硝效率到设计值，并继续调节喷氨支管门，最后使反应器出口 NO_2 浓度分布比较均匀。

（4）吹灰器吹灰频率调整。脱硝装置投运后，监视催化剂进、出口压力损失变化，若压力损失增加较快，加强催化剂的吹灰。对于声波吹灰器，每组吹灰器运行后，间隔一定时间运行下一组吹灰器，所有吹灰器采取不间断循环运行；对于耙式蒸汽吹灰器，需要检查耙式蒸汽吹灰器的前进位移能否达到指定位置，并适当增加吹灰频率，使用耙式蒸汽吹灰器的检修期间需要评估催化剂表面的磨损情况。

2. 主要参数控制

SCR 系统在正常运行时，主要调整参数如下：

（1）脱硝效率。脱硝效率表示脱硝系统对氮氧化物脱除能力的大小。脱硝效率是由许多因素决定的，比如 SCR 系统运行的 SV 空间速率（h^{-1}）、NH_3/NO_x 的摩尔比、烟气温度。NO_x 排放标准要求烟气中的 NO_x 浓度在任何情况下不得超过规定的控制值，因此应保证在锅炉的最差工况下，SCR 系统运行的最低脱硝效率仍能满足排放标准的要求，同时尽量使 SCR 系统长期经济运行。

（2）氨消耗量。SCR 烟气脱硝控制系统依据确定的 NH_3/NO_x 摩尔比来提供所需要的氨气流量，进口 NO 浓度和烟气流量的乘积产生 NO_x 流量信号，此信号乘上所需 NH_3/NO 摩尔比就是基本氨气流量信号，根据烟气脱硝反应的化学反应式，1mol 氨和 1mol 氮氧化物进行反应。固定摩尔比由工作人员根据现场测试结果决定，并输入在氨气流量控制系统的程序上。所计算出的氨气流量需求信号送至控制器并和真实氨气流量的信号相比较，所产生的误差按比例积分处理去定位氨气流量控制阀。%%%

（3）氨逃逸率。在高尘 SCR 工艺中，氨逃逸率的控制至关重要。高浓度的氨逃逸将会造成设备空气预热器的堵塞、除尘器极板结垢等不良影响。多余未反应的氨逃逸后，会与烟气中的 SO_3 反应生成 NH_4HSO_4，当后续烟道烟温降低时，NH_4HSO_4 将会附着在空气预热器表面和飞灰颗粒表面。这种 NH_4HSO_4 物质在烟温低于约 150℃时，会以液态形式存在。它会腐蚀空气预热器管板，通过与飞灰表面物反应而改变飞灰颗粒物的表面形态，最终形成黏性腐蚀物质。飞灰颗粒物和管板表面形成的 NH_4HSO_4 结合黏附在空气预热器管板表面，导致空气预热器热阻力急剧增加，影响机组安全运行，需要频繁清洗空气预热器。

（4）氨氮比。通常喷入的 NH_3 量应随着机组负荷的变化而变化。对 NH_3 输入量的调节必须既保证 NO_x 的脱除率，又保证较低的氨逃逸。如果 NH_3 与烟气混合不均匀，即使 NH_3 的输入量不大，氨与 NO_x 也不能充分反应，不仅达不到脱硝的目的还会增加氨逃逸率。

NH_3 喷入量一般根据需要达到的脱硝效率进行设定，各种催化剂都有一定的氨氮摩尔比范围，当其摩尔比较小时，NO_x 与 NH_3 的反应不完全，NO_x 转化率低。当摩尔比超过一定范围时，NO_x 转化率不再增加，造成的氨逃逸率增大。

（5）SO_2/SO_3 转化率。锅炉燃烧产生大量的 SO_2 气体，其中一定量的 SO_2 会在催化剂的作用下被氧化成 SO_3。这一反应对于 SCR 脱硝反应而言是非常不利的。因为 SO_3 可以和烟气中的水及 NH_3 反应，从而生产硫酸铵和硫酸氢铵，这些硫酸盐沉积并聚集在催化剂表面影响催化剂的催化效果。为防止这一现象发生，降低 SO_2/SO_3 的转化率可以从以下两个方面考虑，一是严格控制 SCR 的反应温度，在催化剂的允许运行温度范围内运行；二是合理调整催化剂的成分，减少作为 SO_2 氧化的主要催化剂钒的氧化物在催化剂中的含量。SO_2 的低氧化率可以遏制形成空气预热器换热器元件堵塞原因的副产物的生成，从而延迟空气预热器的吹扫或清洗周期。SO_2 的转化率过高，不仅容易导致空气预热器的堵灰和后续设备的腐蚀，而且会造成催化剂中毒。

二、液氨蒸发系统运行调整

液氨蒸发系统采用的还原剂为液氨（纯度 99.5%以上），主要设备包括卸氨压缩机液氨储罐、液氨供应泵、液氨蒸发器、氨气缓冲罐、氨气吸收槽、废水泵及废水池等设备。系统设备在备用期间管道及储罐需要用氮气置换后备用，避免氨与空气接触发生爆炸。系统设置卸氨压缩机，一备一用，选择的卸氨压缩机能满足各种工况下的要求。卸氨压缩机的工作流程是通过压缩机抽取储氨罐中的氨气，加压后将气体压入液氨槽车，将槽车中的液氨推挤入液氨储罐中，根据储氨罐内液氨的饱和蒸汽压，液氨卸车流量，液氨管道阻力及卸氨时环境温度等系统参数来选择压缩机排气量。通常一个液氨制备区需要设置 2 个液氨储罐，紧急关断门和安全门需要安装在储罐上，这两个门能够保护液氨储罐超压和泄漏。温度计、压力表、液位计、高液位报警仪和相应的变送器也需要在储罐上安装，变送器可以将这些信号传送到脱硝控制系统，当储罐内温度或压力异常时进行报警。液氨储罐还应该设置遮阳棚等防止太阳直接照射的措施。除此之外，当储罐罐体温度过高时还应该自动淋水进行降温，这就需要在液氨储存区域四周安装有自动水喷淋系统。氨气是极易溶于水的气体，自动水喷淋系统还可以在有微量氨气泄漏时喷水对氨气进行吸收，控制氨气进一步扩散污染周围环境。

氨蒸发器采用甲醇或水作为中间热媒，由蒸汽提供热量进行加热液氨。氨蒸发器内部氨气压力需要控制在一定范围内，这一工作由进口处的压力控制器来控制，当内部压力超过设定值时，切断液氨进料，在氨气出口管线上装有温度检测器，指示监测出口温度。氨蒸发器设有安全阀，可防止设备压力异常过高，液氨蒸发器按照在 BMCR 工况下 $2 \times 100\%$ 容量设计。

液氨经氨蒸发器后被蒸发成为氨气，蒸发后的氨气去向是氨气缓冲罐，在氨气缓冲罐中减压并保持设计压力，根据 SCR 脱硝系统需要将压力稳定的氨气输送到锅炉侧的 SCR 脱硝系统。缓冲罐作为储存氨气的压力设备也必须设置安全阀对系统进行保护。

氨气吸收槽是一个固定容积的水槽，根据氨极易溶于水的特性，利用大量水来吸收系统安全阀排放的氨气。氨气吸收槽需要设置通风管，在进行通风管设计时要求通风管的氨气最大浓度为 2mg/L，以避免氨气的扩散。

液氨蒸发系统主要调整项目一般包括液位、加热蒸汽流量、蒸发氨气压力等，所有调整要使蒸发氨气的压力和流量符合设计值。调整手段包括：监测加热媒介液位，根据需要补充热媒；液氨蒸发器正常运行过程中，通过调节加热蒸汽的流量来控制加热媒介的温度来改变氨蒸发量；从液氨蒸发器出来的氨气进入氨气缓冲罐，在运行时利用缓冲罐的容积维持设定压力。

三、尿素水解系统运行调整

尿素水解及氨稀释喷射系统包括尿素水解反应器模块、计量模块、疏水箱、疏水泵、稀释风机、废水泵、氨气—空气混合器、涡流混合器等。

每套脱硝系统设置两台稀释风机（一用一备），稀释风流量通常是根据设计脱硝效率对应的最大喷氨蒸汽量设定，以使氨/空气混合物中的氨体积浓度小于 5%。在喷氨/空气涡流混合器内，氨与空气应混合均匀，并维持一定的压力，与烟气均匀混合。

浓度约 50%的尿素溶液被输送到尿素水解反应器内，饱和蒸汽通过盘管的方式进入水解反应器，饱和蒸汽不与尿素溶液混合，通过盘管回流，冷凝水由疏水箱、疏水泵回收。水解反应器内的尿素溶液浓度可达到 40%～50%，气液两相平衡体系的压力为 0.4～0.6MPa，温度为 130～160℃。对于 50%尿素溶液进料情况下，水解的含氨成品气体成分约为含 28.3%的氨、36.7%的二氧化碳和 35%的蒸汽。氨和二氧化氮在温度接近 140℃时可以重组以形成冷凝物，此冷凝物有较强的腐蚀性，会加剧腐蚀速率，如果温度持续降至 70℃以下，该冷凝物会形成固态氨基甲酸铵，将会堵塞管道。氨气的生成速率主要是受水解器中尿素溶液浓度和水解器的温度影响。当温度低于 115℃时，水解制氨反应非常慢，因为总反应是吸热反应，可以通过调节水解器的热量来控制尿素水解制氨反应。

脱硝 SCR 装置运行过程中需进行尿素水解制氨系统的运行调整主要包括尿素公用

系统调整，尿素溶解罐、尿素溶液储罐浓度调整，尿素水解反应器的运行调整。

1. 尿素公用系统调整

（1）需要监测与调整的参数包括尿素溶解罐液位与温度、尿素溶液储罐液位与温度、疏水箱液位、尿素输送泵出口压力、尿素溶液浓度。

（2）在尿素溶解罐中，用除盐水或冷凝水配置45%～55%的尿素溶液，溶液浓度可根据需要调节。当尿素溶液温度过低时，蒸汽加热系统启动，使溶液的温度保持在60℃以上（与尿素溶液浓度相关），防止特定浓度下的尿素结晶，影响尿素溶解。

（3）通过尿素溶液储罐液位信号，热控系统自动完成液位高关闭进料阀。运行人员应注意监视尿素溶液储罐液位，及时发现液位异常。必要时由自动调节改为手动调节，防止液位过高溢流。

2. 尿素溶解罐、尿素溶液储罐浓度调整

（1）通过调节尿素溶解罐的尿素颗粒的流量来控制尿素溶解罐的浓度，运行人员应及时发现尿素溶液密度的报警及其他异常情况，并做相应处理。

（2）尿素溶液进入溶液储罐后，溶液浓度为45%～55%。为防止尿素溶液低温结晶，需要控制溶液温度高于30℃。溶液浓度越高，相应的溶液维持温度越高。

（3）通过控制尿素输送泵回流阀控制尿素输送泵出口压力维持在1.0MPa，以维持尿素水解器液位平稳。

（4）如果SCR出口烟气NO含量过高，应检查水解器出力情况和尿素浓度，同时检查喷氨蒸汽流量、压力、温度的变化情况，并检查SCR烟气入口NO，浓度的变化，并记录其异常情况。

（5）运行中应对各尿素溶液密度计进行校验。

3. 尿素水解反应器的运行调整

（1）水解器本体压力通过水解器蒸汽入口流量进行调节，水解器压力应控制在设计值范围内。

（2）水解器液位通过水解器尿素溶液进口阀进行调节，水解器液位一般需保证液位漫过蒸汽换热盘管。

（3）水解器出口压力通过水解器产品气出口阀经调节，根据机组需氨量大小进行调节。

（4）水解器使用的蒸汽参数：压力0.7～0.8MPa、温度170～175℃。蒸汽压力通过减温减压装置的蒸汽调节阀进行调节，蒸汽温度通过减温减压装置的减温水增压泵出力进行调节。

（5）水解器应进行定期排污，保证水解器内部溶液的杂质及氯离子在设计值范围内。

四、尿素热解系统运行调整

尿素热解系统包括稀释风机、暖风器、电加热器绝热分解室、尿素计量模块及尿素喷枪等。尿素热解系统是利用稀释风机鼓入一次风，通过暖风器、电加热器把一次风加热到650℃作为热解炉内分解尿素溶液的热源。尿素通过计量模块分配到尿素喷枪与压缩空气在喷枪喷嘴处汇合，形成雾化的尿素气体在高温的热解炉内分解为 NH_3、

H_2O、CO_2。

每套尿素热解系统设置两台稀释风机，一用一备。合理控制一次风量，可以减少电加热器的电耗和充分完成尿素热解。稀释风量标准状态下控制在 9500～10500m^3/h。稀释风流量通常是根据设计脱硝效率对应的最大喷氨蒸汽量设定，以使氨/空气混合物中的氨体积浓度小于 5%。在喷氨/空气涡流混合器内，氨与空气应混合均匀，并维持一定的压力，与烟气均匀混合。电加热器将 200℃左右的热一次风加热到 650℃，作为热解炉内分解尿素溶液的热源。电加热器设有超温保护，目的是保护热解炉在高温条件下不会损坏变形。计量分配模块是用于精确测量并独立控制输送到每个喷枪的尿素溶液的装置。

计量分配模块布置在热解炉附近，根据不同工况需要配置若干组尿素喷枪，计量模块用于控制通向分配模块的尿素流量的供给。该装置将响应 DCS 提供的反应剂需求信号。分配模块控制通往多个喷枪的尿素和雾化空气的喷射速率，空气和尿素量通过这个装置来进行调节以得到适当的气/液比并得到最佳还原剂。计量模块尿素母管压力与压缩母管压力控制在 0.6～0.7MPa 之间。尿素喷枪为内管和外管设计，内管介质为尿素，外管介质为压缩空气，合理控制两者压力流量从而得到喷枪最佳雾化效果。

热解炉喷枪尿素溶液雾化空气引自主厂房仪用压缩空气或杂用压缩空气。计量分配模块中管路冲洗水取自主厂房除盐水。在除盐水管道加装有加压泵，提高冲洗水压力。

（1）热解炉喷氨蒸汽流量调整。调节尿素溶液压力、流量及雾化空气的压力与流量控制尿素溶液雾化喷入热解炉后的液滴粒径在合适的范围。

调节尿素溶液雾化液滴上游的加热媒介温度与流量，使雾化液滴能够完全蒸发热解成气态含氨产物。加热冷空气时，首先采用蒸汽加热暖风器将空气加热到 200℃的温度，然后再采用电加热方式，将一次风温度提高到 500～600℃。

通过设定尿素喷枪最小流量和 NO 的设定或给定需尿素溶液量来控制需氨蒸汽量SCR 烟气出口 NO 含量在允许范围内；运行中注意监视氨逃逸、喷氨蒸汽流量、温度、压力以及烟气出、入口 NO 的变化，及时调节需要尿素溶液量的数值。

在加热媒介作用下，雾化成液滴状的尿素溶液被分解成氨/空气混合物，需要根据尿素溶液浓度调节加热媒介的流量与压力，以控制尿素热解炉出口分解产物的压力、温度，氨蒸汽浓度及氨蒸汽流量。其中，压力不应低于 4.5kPa（主要取决于热解炉与喷氨蒸汽之间的管道阻力），温度不低于 350℃（主要取决于热解炉与喷氨蒸汽之间的管道保温），氨蒸汽体积浓度不大于 5%。

运行中注意监视喷氨蒸汽流量的变化，重点关注热解炉的运行状况。发现喷氨蒸汽流量下降，应检查稀释风机的流量和压力，必要时切换备用的稀释风机。

（2）尿素热解系统运行调整注意事项。尿素热解是将尿素还原为氨气的过程，氨气为有毒易燃易爆气体，必须保证其浓度小于 5%，所以要严格控制稀释风量在规定范围内即（9413m^3/h）上下浮动 10%以内。

尿素热解需要在高温下完成，控制热解炉出口温度在 320～360℃为热解温度。温度太低会产生氨气逆反反应形成结晶，温度高会造成热解炉出口碳钢管道损坏。

尿素喷枪尿素溶液流量控制在 0.06～0.15m^3/h 之间，流量太高会影响溶液雾化效果不易热解。流量太低会导致喷枪管道结晶堵塞。尿素最佳雾化流量为 0.12m³/h。

尿素喷枪压缩空气流量控制在 16～22m³/h 之间，压缩空气流量太高会导致尿素溶液雾化半径太大，使溶液直接喷射到炉壁上产生尿素结晶。压缩空气流量太低会导致尿素雾化差，形成尿素液滴在高温下直接形成结晶体。

五、SCR 系统调整关键问题

1. 保证催化剂活性

脱硝反应器的核心是脱硝催化剂。它分为蜂窝式和板式两种结构类型，其比表面积为 $500～1000m^2/m^3$，在它的内表面上分布着由 TiO_2、WO_3 或 V_2O_5 等组成的活性中心。随着脱硝装置的运行，催化剂会逐渐老化。引起老化的原因主要有活性中心中毒，活性中心中和，活性成分晶型的改变，以及催化剂的腐蚀、磨损、通道与微孔的堵塞等。因而，必须定时检测每层催化剂前后烟气中 NO_x 的浓度和氨氮比（NH_3/NO_x），以及取催化剂样品进行实验室测试确定各层催化剂的活性与老化程度，以确保脱硝装置的正常运行。

2. 保证合适的反应温度

不同的催化剂具有自己不同的适宜温度区间。有资料表明，某种催化还原脱硝的反应温度区间为 320～400℃，当反应温度低于 300℃，在催化剂上出现无益的副反应。氨分子很少与 NO_x 反应，而是与 SO_3 和 H_2O 反应生成（NH_4）$_2SO_4$ 或 NH_4HSO_4，它们附着在催化剂表面，引起污染积灰并堵塞催化剂的通道与微孔，从而降低催化剂的活性。另外，这种催化剂不允许温度高于 450℃，因为通过结构检测发现，高温下催化剂的结构发生变化，导致催化剂通道与微孔的减少，催化剂损坏失活，且温度越高催化剂失活速度越快。另外，还有资料表明，温度过高会使 NH_3 转化为 NO_x。

3. 降低未反应氨的逃逸

氨逃逸不但增加运行费用，更严重的是会造成新的污染，在实际运行中，氨逃逸是一个极为重要的参数，一般情况下氨的逃逸控制在 3mg/L 以下。氨的逃逸除上面提到的危害以外，另一个危害是造成飞灰中的氨含量的增加，而飞灰的安全处理需要灰中氨的含量维持在一个可以容忍的水平上。

4. 减少硫酸氢铵和硫酸铵的形成和沉积

硫酸氢铵和硫酸铵在 SCR 下游设备上的沉积，特别是在空气预热器上产生的污垢可能影响整个机组的运行效率和维护成本。硫酸氢铵和硫酸铵的形成与过多的氨喷入量有关。在 SCR 催化剂作用下，烟气中的 SO_2 和 O_2 反应进一步形成 SO_3，SO_3 和从 SCR 反应器出来的未反应 NH_3 在空气预热器较冷的部分上凝结形成固相硫酸铵和硫酸氢铵，增加空气预热器的结垢、腐蚀并降低换热效率。

7.3   SCR 脱硝系统的停运

一、SCR 烟气系统长期停运

在锅炉停机过程中，脱硝入口烟气温度低于催化剂运行最低温度时（超过 15min），退出脱硝喷氨系统。

1. 采用液氨作为还原剂时系统停运方式

（1）关闭 SCR 喷氨气动阀、供氨调节阀。

（2）在锅炉完全停运后，停运稀释风系统及吹灰系统。

（3）利用氮气对氨气管道进行吹扫置换。

2. 采用尿素作为还原剂时系统停运方式（尿素水解制氨工艺）

（1）待水解器压力降至规定值，关闭水解器产品气出口阀。

（2）打开水解器出口管道至脱硝反应区的蒸汽吹扫，保证管道无残留尿素产品气。

（3）在锅炉完全停运后，停运稀释风系统及吹灰系统。

二、SCR 烟气系统短期停运

1. 采用液氨作为还原剂时系统停运方式

（1）关闭 SCR 喷氨气动阀。

（2）关闭 SCR 喷氨调节阀。

（3）其他系统及设备保持原来的运行状态。

2. 采用尿素作为还原剂时的系统停运方式

（1）待水解器压力降至规定值关闭水解器产品气出口阀。

（2）打开水解器出口管道至脱硝反应区的蒸汽吹扫，保证管道无残留尿素产品气。

（3）关闭 SCR 喷氨气动阀。

（4）关闭 SCR 喷氨调节阀。

（5）其他系统及设备保持原来的运行状态。

3. 采用尿素作为还原剂时的热解系统停运方式

（1）停机阶段，反应器用空气进行吹扫。

（2）保持稀释风机一直运行，供应空气对热解炉系统进行吹扫，防止发生爆炸；停机后，用稀释空气吹扫反应器。如果稀释风机出现故障不能运行，则用自然通风吹扫反应器。之后，停用稀释风机。

（3）关闭所有尿素溶液供应系统的切断阀和隔离阀。

三、SCR 烟气系统紧急停运

（1）关闭液氨储罐出料阀、蒸发器液氨进料阀，停运液氨蒸发系统并将管道内残余氨排放在氨气稀释槽。

（2）如采用尿素水解系统，则关闭水解器尿素溶液进口阀、蒸汽进口阀、水解器产品气出口阀，如水解器本体压力过高则开启气相泄压阀进行泄压。

（3）对氨管道进行氮气吹扫置换或采用蒸汽进行吹扫。

（4）关闭 SCR 喷氨气动阀。

（5）关闭 SCR 喷氨调节阀。

（6）锅炉烟风系统停运 5min 后，停运稀释风机。

四、还原剂制备系统临时停运

1. 采用液氨作为还原剂时系统停运方式

（1）关闭液氨储罐出料阀及液氨蒸发器进料阀。

（2）液氨蒸发器进料阀关闭后继续加热蒸发器几分钟，待液氨蒸发器出口压力为微正压后，关闭液氨蒸发器蒸汽进口阀。

（3）氨气缓冲罐压力为微正压后，关闭蒸发器出口阀。

（4）关闭 SCR 喷氨气动阀、供氨调节阀。

2. 采用尿素作为还原剂时系统停运方式（尿素水解制氨工艺）

（1）关闭水解器尿素溶液进口阀。

（2）关闭水解器蒸汽进口阀。

（3）待水解器压力降至规定值，关闭水解器产品气出口阀。

（4）打开水解器出口管道至脱硝反应区的蒸汽吹扫，保证管道无残留尿素产品气。

五、还原剂制备系统短期停运

1. 采用液氨作为还原剂时系统停运方式

（1）关闭液氨储罐液氨出口管道阀门。

（2）关闭液氨蒸发器液氨进料阀。

（3）关闭液氨蒸发器蒸汽进口阀。

（4）关闭氨气缓冲罐入口阀。

（5）关闭氨气缓冲罐出口阀。

（6）其他系统及设备保持原来的运行状态。

2. 采用尿素作为还原剂时的系统停运方式

（1）关闭水解器尿素溶液进口阀。

（2）关闭水解器蒸汽进口阀。

（3）待水解器压力降至规定值，关闭水解器产品气出口阀。

（4）打开水解器出口管道至脱硝反应区的蒸汽吹扫，保证管道无残留尿素产品气。

（5）其他系统及设备保持原来的运行状态。

3. 热解系统停止步骤

（1）关闭正在运行的喷枪尿素溶液电动门、调节阀。

（2）该喷枪尿素溶液调节阀切手动，且全开。

（3）联启喷枪冲洗系统。

（4）关闭雾化空气总门。

（5）对热解炉进行吹扫 10min。

（6）停止稀释风机。

六、脱硝系统启、停注意事项

1. SCR 烟气脱硝系统启、停运注意事项

（1）SCR 脱硝系统在操作过程中应主要考虑人员和设备的安全。在发现安全隐患或发生安全事故的情况下，保证人员安全的同时应及时汇报，并尽量消除安全隐患或减少安全事故所带来的设备和经济损失。

（2）锅炉泄漏事故发生时，锅炉应尽快停机，避免催化剂水中毒。

（3）SCR 反应器不应长时间超过催化剂允许的最高温度运行，长时间高温运行将会

导致催化剂失活。

（4）为保证机组安全运行，脱硝系统应在联锁保护投入后运行，在暂时失去联锁的情况下应尽快恢复，恢复过程中应加强人工监控。

2. 尿素水解系统启、停注意事项

（1）水解器中初始稀释启动的溶液不得超过30%尿素浓度。高浓度的尿素溶液在水解器启动初期升温过程中，容易造成水解器超压运行。

（2）水解器启动过程中升温不宜过快，在水解器升温中宜在温度达到40、70、90℃时，各停留观察5min，保持水解器温升稳定。

（3）如水解器长期停运则需排空水解器内部溶液，并进行冲洗。

（4）水解器投运前需检查各伴热装置是否正常，一般液体管道伴热温度不宜低于30℃，尿素气体管道伴热温度不宜低于120℃。

3. 液氨蒸发系统启、停注意事项

（1）液氨蒸发系统停运时，应先关闭液氨进口阀，待蒸发器液氨管道内的参与液氨蒸发完毕后，再关闭氨气出口阀，防止蒸发器超压。

（2）液氨蒸发系统启动前，应试验区域内消防喷淋联锁正常，氨气检测仪、声光报警器试验正常。

7.4 SCR 脱硝系统的维护

一、运行期间维护

（1）SCR管道系统、反应器及其他相关的设备都不能带有水分，雨水通过破裂烟道或开孔进入时，立即干燥催化剂。

（2）无论在任何锅炉负荷情况下，催化剂温度必须保持在最低喷氨温度310℃以上时才能进行喷氨。在低于最低喷氨温度的情况下，喷氨会造成硫酸盐和硝酸盐物质在下游设备上沉积。

（3）少量黏附的可燃物不会对催化剂产生影响。催化剂表面黏附的可燃物的最大限度是$4g$碳$/m^2$。但必须做到以下几点：

1）加强燃烧调整，避免不完全燃烧，避免大量的可燃物携带到SCR；

2）除了锅炉启动、停运和稳燃需要，不要连续单独运行油点火器；

3）投运油枪时，为使油雾最小，一旦点火失败后，立即停止点火器；

4）保持燃烧器适当的过量空气系数。

（4）脱硝系统由液氨改为尿素后，为防止尿素结晶吹扫频繁，易造成催化剂受潮，缩短了更换周期，增加成本；烟尘中碱金属、碱土金属、As飞灰中含有一定的碱金属（一般指K、Na），其含量一般比Ca、Mg少得多。碱金属可以直接与催化剂的活性位反应导致活性位丧失，主要是造成催化剂中V-OH的氢键被替换，催化剂的酸性下降，从而使催化剂失活。碱金属与活性位的结合程度相对不是很大，但如果在有冷凝水存在的情况下，催化剂的失活性可能会成倍增加，因为这时它们更易于流动并渗入到催化剂材料的内部。为了避免催化剂的碱金属中毒，催化剂应该尽量避免潮湿环境。

二、非正常运行条件下脱硝催化剂的保护

1. 加速催化剂恶化的一些非正常条件

（1）由于烟气流速和粉尘浓度超出设计值引起的侵蚀；

（2）由于未预料到的燃料组分/附加物和未预料到的烟气组分引起的中毒；

（3）长期储存催化剂，而未适当处置；

（4）因暴露于非正常高温而引起的热损害。

2. 如果大量的可燃物黏附并积累在催化剂表面，并且在较高温度和足够的空气供应下逐渐氧化，温度提高损害催化剂

其主要情况如下：

（1）催化剂黏附可燃物氧化的现象。

1）SCR 出口烟气含氧量因可燃物氧化不正常降低，停炉后烟气含氧量低于 21%。

2）SCR 烟气温度异常升高，或在停炉后不下降或甚至上升。

3）停炉后 SCR 出口 NO_x 增加，大于 0；同时 SO_2 可能增加。

（2）催化剂黏附可燃物的预防。

1）如果锅炉或燃烧器跳闸，按锅炉规定通风吹扫 5min 以上，然后对催化剂进行声波吹灰。如果因燃烧不良造成锅炉灭火，应适当延长吹扫时间。

2）锅炉启、停过程中投油助燃或微油点火期间，为防止未燃尽可燃物沉积，必须用声波吹灰器连续清洁反应器。

3）加强燃烧调整，减少不完全燃烧产物。

（3）如果在启动初期或停运过程或燃烧恶化停炉后，判断有大量的油雾产生并沉积到 SCR 催化剂，应采取以下措施：

1）立即停止燃料燃烧，进行通风吹扫并让催化剂层冷却到 50℃。

2）检查产生原因，并采取预防措施。

3）锅炉点火，逐渐提升 SCR 温度，蒸发黏附到催化剂上的油雾。以 45℃/h 的速度提升 SCR 入口烟温，在 150、200℃时各稳定 2h，在 250、300℃时各稳定保持 1h，确认烟气温度和/或烟气特性（O_2、NO_x、CO、SO_x 等）没有异常增加，然后进行下一步温度增加。如果烟气温度突然升高，必须停止升温，保持温度恒定，直到温度稳定，CO 含量下降，方可继续升高烟温。

（4）判断催化剂沉积可燃物已发生自燃处理措施。

1）立即切断氨气，停炉；

2）确保关闭所有挡板门，密闭锅炉，不使空气进入 SCR；

3）在足够冷却催化剂后，再进入催化剂反应器内检查。

3. 如锅炉发生泄漏，催化剂受潮的处理措施

（1）停止向 SCR 系统喷氨。

（2）立即停止锅炉。

（3）应尽快降压放水，启动引风机对催化剂进行通风干燥。

（4）排出烟道内积水，防止 SCR 催化剂受浸泡。

（5）锅炉应强制冷却到烟气温度 120℃；此后，自然冷却，防止蒸汽在 SCR 催化剂上冷凝。

（6）在完全冷却到低于 50℃时，目视检查 SCR 催化剂。

三、长期停运注意事项

（1）催化剂必须真空清洗去除所有积灰、松散保温和锈斑，催化剂上下两侧都要清洗。

（2）用干燥无酸空气替换原有烟气净化催化剂床层，防止催化剂表面湿气冷凝。

（3）要避免任何水分进入到催化剂。

四、水解器日常维护注意事项

（1）为减少反应器中杂质的沉积，必须定期对反应器进行排污，做好排污程序的记录（包括数量和频率）。

（2）工作人员现场巡查中应注意观察各仪表的读数，作好记录，并与上位机上显示读数对比，有差距时应及时查找原因。

（3）运行过程中，需要检查氨气管线、尿素输送管线、废液排放管线、废气排放管线、催化剂管线伴热系统，保证电伴热正常运行。若因为气温低发生凝结现象，则需要进行蒸汽吹扫。

（4）每月检测和维修一次项目。

1）检查清洗疏水阀，通过疏水阀底部的排出塞进行排水。

2）管道保温有无损坏，以及需要修理损坏的地方。

（5）每年一次检测项目。

1）排干并检查所有容器。处理掉所有堆积的尿素晶体，其可用最低 40℃的除盐水冲洗。

2）反应器最好每隔一年或两年完全排净、清洗和重新注入新的溶液。

3）用除盐水对所有管道进行彻底冲洗，检查和清洗所有过滤器。

4）检查反应器中的蒸汽盘管是否良好。

5）安全阀进行检查和维护。

（6）氨气为有毒、可燃物质，运行中如发生泄漏应及时采取措施切断气氨来源，待泄漏消除后方可重新投入运行。

（7）反应器的运行液位、温度及压力应严格按照要求运行维护。

（8）在启动反应器前，通知运行人员反应器要被启动且将会产生氨气。

（9）躲避氨气泄漏时，应观察风向，逆风逃生。

（10）反应器禁止过压：不得用 50%溶液浓度的尿素启动空的反应器，必须在加热前用除盐水将其稀释。

（11）反应器在空容器首次启动未稀释反应器溶液可能导致内部压力的快速增加和最终出现过压情况，这可能导致反应器的保护动作。

（12）反应器排污必须与 DCS 操作员协调并且必须在整个排污过程中不断监测排污

量和反应器液位。收集的溶液/材料必须在废水池中进行冷却和稀释以避免大量释放氨气且必须在环保安全方式下进行，应遵照企业标准程序和国家及当地法规。

（13）反应器在线排污过程中，需要缓慢排放溶液，以保证反应器的稳定运行。反应器液位不得低于低液位设定点。如果反应器低液位报警启动，马上停止排污程序并关闭排污阀。

（14）每个月反应器在线排污量为280～400L（每次排污量为70～100L），如果杂质（污染）的水平影响了反应器操作，排污频率和排污量必须相应增加。

五、辅助设备日常维护注意事项

为了保证系统辅助设备及供应系统各设备保持良好的状态，保证系统安全运行，辅助设备及供应系统在停运或运行中必须定期进行试验或检查。

（1）转机各部、地脚螺栓、联轴器螺栓、保护罩等连接状态应满足完整，固定牢固。

（2）设备部件完整，部件和保温齐全，设备及周围应清洁，无积油、积水及其他杂物，照明充足，栏杆平台完整。

（3）各箱、池的人孔、检查孔应严密关闭，各备用管法兰严密封闭。

（4）所有阀门、挡板开关灵活，无卡涩现象，位置指示正确。

（5）转机运行时，无撞击、摩擦等异声，电流表指示不超过额定值，电动机旋转方向正确。

（6）电动机电缆头及接线、接地线完好，连接牢固，轴承及电机测温装置完好，并正确投入。

（7）对于备用设备必须经常检查以保证其处于良好状态，能随时启用，机泵检修后要经过试运行，确认无问题后方可停机备用。

（8）尿素供给管道、除盐水供给管道连接完好，无漏点，未发生堵塞现象。

（9）加热蒸汽管道无泄漏，伴热管道工作正常，疏水器工作正常，疏水可以正常排放。

（10）反应器人孔及底部连接法兰封闭严密，无氨气泄漏。

六、停运后检查维护和注意事项

（1）对停运设备、输尿素溶液管道及输氨管道进行吹扫、冲洗；

（2）定时检查各箱罐、反应器的介质液位；

（3）按要求进行转动设备的换油和维护工作；

（4）停运期间应进行必要的消缺工作；

（5）冬季停运应采取防冻措施。

七、长期使用的维护

若系统运行超过两年以上，建议每两年碱煮一次（如系统运行能满足脱硝需要则不需要碱煮）。其碱煮过程如下：

（1）反应器内溶液排净后加除盐水至高液位冲洗后，在加除盐水煮洗，煮洗完成后排空除盐水。

（2）利用催化剂箱加水溶碱，首先打开搅拌机，注入除盐水至目标液位后添加纯碱

（Na_2CO_3）250kg、磷酸三钠 15kg 至催化剂箱液位，使溶剂尽快溶解。

（3）利用催化剂泵将溶好的碱液打入反应器，补除盐水至高液位，同时用蒸汽加热反应器内水溶液提压至 0.1MPa。

（4）注除盐水和升温同时进行，最终达到压力 0.2MPa，饱和温度（120℃）下煮洗至少 4～6h（碱洗过程中不排气，每隔 4h 排污 2min，保持液位）。

（5）除盐水再次清洗：碱洗结束后先从各个导淋排放口排放碱液直至完全排空，再充入脱盐水冲洗一遍。

注：水清洗过程中，所有排水（清水、浊水、废碱液等）都要有组织排放，应安排去污水处理站。

7.5　SCR 脱硝系统的性能测试

脱硝系统建成投产后，为了检验脱硝系统各性能是否达到预期要求及是否能满足环境保护要求，并为脱硝系统的投运提供指导，需要对脱硝系统进行性能测试。

一、SCR 性能保证指标

为了给脱硝系统的达标投运提供数据依据，通过脱硝系统的性能验收试验确认 SCR 各项性能保证指标。机组脱硝系统均应在机组正常运行负荷范围内达到性能要求，SCR 性能保证指标至少包括脱硝效率、NO_x 排放浓度、氨逃逸浓度、SO_2/SO_3 转化率、系统阻力、噪声或其他耗量等。

二、性能测试项目及测试方法

为了计算上述性能指标，需要在脱硝装置进口烟道截面测量烟气中的 NO 与 O_2 浓度、SO_2 与 SO_3 浓度、静压与动压，在出口烟道截面测量 NO 与 O_2 浓度、氨逃逸浓度、SO_2 与 SO_3 浓度、静压与动压等。此外，脱硝装置的运行参数与设计条件有一定差异，为了进行性能修正，需要测量脱硝装置烟气温度、烟气流量、大气环境等参数。

1. NO 和 O_2 分布

在每台 SCR 反应器的进、出口烟道截面上，采用网格法逐点采集烟气样品，采用多功烟气分析仪分析各点的 NO 和 O_2，同步获得进/出口的 NO/O_2 浓度分布。用加权平均法算 SCR 反应器进、出口的 NO_x 平均浓度（干基、标准状态、95%NO、6%O_2），并据此计算 SCR 系统的实际脱硝效率。

2. NH_3 逃逸浓度

根据每台反应器出口截面的 NO 与 O_2 浓度分布，选取多个代表点（代表点应涵盖 NO 浓度高、中、低不同区域的测点，且代表点平均 NO 浓度等于断面平均 NO 浓度，每个反器代表点数量不少于 6 个），作为 NH_3 取样点。

取样系统采用美国 EPA 的 CTM-027 标准，利用 NH_3 化学取样系统采集烟气样本。取样管路中需要有烟尘过滤器，并且烟尘过滤器温度不低于 300℃；取样管路冲洗点上游烟气管路温度不得低于 300℃，冲洗点下游烟道壁面全部冲洗并收集到样品中。利用离子电极分析样品溶液中的氨浓度，根据所采集的烟气流量，计算出干烟气中的氨逃逸浓度。

3. 烟气中 SO$_2$ 与 SO$_3$

依据 EPA method6 和 ASTMD-3226-73T 标准，在每台脱硝反应器的进、出口烟道同时布置 SO$_2$ 与 SO$_3$ 化学取样系统，采用控制冷凝法采集 SO$_2$ 与 SO$_3$ 烟气样本。采样管路中需要有烟尘过滤器，且烟尘过滤器温度不低于 300℃；在 SO$_3$ 控制冷凝器前管路温度不应低于 300℃。控制冷凝法 SO$_3$ 浓度分离可采用蛇形管或高纯石英棉，两种方法都应保证分离器温度处于 65～85℃。用高氯酸钡标准溶液滴定所采集样品中的硫酸根离子浓度，根据采集的烟气流量与烟气中 O$_2$ 浓度，计算干烟气中的 SO$_3$ 与 SO$_2$ 浓度，进而计算烟气通过 SCR 反应器后的 SO$_2$/SO$_3$ 转化率。

4. 系统压降

系统阻力按全压计算。试验工况下，在锅炉烟道与 SCR 系统进、出接口处分别布置压力测点，采用电子微压计测量 SCR 装置的进、出口静压差，同时进行相关修正后计算得出 SCR 系统阻力。

5. 噪声

以运行设备的外壳作为基准面，测量表面平行于基准面，与基准面距离 d=1.0m。测点布置在测量表面上，测点水平高度距设备运行地面 1.2m 处。采用噪声计在现场直接测量，测试结果须进行相关修正。

6. 烟气流量

鉴于 SCR 反应器进、出口烟道流场均匀性较差，采用毕托管直接测量精确度较低且操作难度大，一般可依据 GB/T 10184—2015《电站锅炉性能试验规程》规定的方法计算烟气流量。具体的记录与测试内容包括：试验工况下，采集入炉煤进行工业分析和化学元素分析，采集飞灰及炉渣测量可燃物含量，测试 SCR 反应器入口烟气氧浓度，并测试环境条件（压力、干球温度和湿球温度）和记录入炉燃煤量。

7. SCR 入口烟气温度

在每台 SCR 反应器入口等截面网格法布置经校验合格的 K 型铠装热电偶，采用单点温度计逐点测量反应器入口温度分布。

8. 环境条件

试验期间，采用膜盒式大气压力计测量环境大气压力。用干湿球温度计测量环境干、湿球温度，经查表得出环境相对湿度。

9. 其他项目

试验期间，与脱硝系统相关的主要运行参数均采用系统配套的 DAS 数据采集系统记录，每 5min 记录一次，取平均值。

三、性能测试的条件

（1）锅炉主机组能够正常运行，送风机、引风机、一次风机、磨煤机、给水泵和除渣系统等无故障，各风、烟门挡板操作灵活。

（2）脱硝系统能够正常运行，并已运行超过 4400h，液氨蒸发系统（或其他还原剂制备系统）、稀释风机、喷氨系统等无故障。自动控制系统运行可靠，运行参数记录系统投入正常运行。

（3）试验期间应燃用设计煤种，同时煤质应稳定。其工业分析的允许变化范围如下：

1）干燥无灰基挥发分为±10%（相对值）。

2）收到基全水分为±4%（绝对值）。

3）收到基灰分为±5%（绝对值）。

4）收到基低位发热量为±10%（相对值）。

5）收到基硫分为±0.4%（绝对值）。

（4）正式考核试验前，应完成喷氨格栅的优化调整试验。

（5）试验期间，不得进行较大的干扰运行工况操作，但若遇到危及设备和人身安全的意外情况，运行人员有权按规程进行紧急处理。

（6）所有试验仪器、仪表均需经过法定计量部门或法定计量传递部门校验，并具有在有效期内的合格证书，或者采用标准气体对分析仪进行校准。

四、性能验收试验流程

为考核脱硝系统是否在全负荷范围内均达到设计性能要求，性能考核试验一般会选择在锅炉 100%、75% 及 50% 额定负荷下进行性能测试。其中，主要性能参数采取平行工况测试取平均值。试验流程安排如表 7-1 所示。

表 7-1 SCR 性能测试试验流程安排

项目	机组负荷	测试项目	备注
预备试验	100%	SCR 进、出口 NO/O_2 浓度分布	CEMS 校准等
T-01	100%	SCR 进、出口 NO/O_2 浓度、烟温、氨逃逸浓度、煤灰渣等	平行工况 1，得脱硝效率、氨逃逸、阻力、氨耗量等
T-02	100%	SCR 进、出口 NO/O_2 浓度、烟温、氨逃逸浓度、煤灰渣等	平行工况 2，得脱硝效率、氨逃逸、阻力、氨耗量等
T-03	75%	SCR 进、出口 NO/O_2 浓度、烟温、氨逃逸浓度、煤灰渣等	平行工况 1，得脱硝效率、氨逃逸、阻力、氨耗量等
T-04	50%	SCR 进、出口 NO/O_2 浓度、烟温、氨逃逸浓度、煤灰渣等	平行工况 1，得脱硝效率、氨逃逸、阻力、氨耗量等
T-05	100%	SCR 进、出口 NO/O_2 浓度、烟温、氨逃逸浓度、煤灰渣及稀释风机噪声等	不喷氨，得 SO_2/SO_3 转换率及噪声等

五、性能试验结果的修正

SCR 装置的性能考核试验在机组不同负荷下进行，包括预备性试验工况和正式试验工况。

（1）脱硝效率和氨逃逸浓度应同步进行，满负荷下采取平行工况试验方法，即在两天内分别进行独立的试验测试，取平均值作为最终结果。

（2）系统阻力可在脱硝效率测试期间同步进行。

（3）SO_2/SO_3 取样测量时，需停止喷氨，并在反应器装置的进、出口同步取样。

参 考 文 献

［1］西安热工院. 火电厂 SCR 烟气脱硝技术［M］. 北京：中国电力出版社，2013.

［2］国能龙源环保有限公司. 火电厂烟气脱硫脱硝系统运行培训教材安全运行与优化［M］. 北京：中国电力出版社，2023.

［3］赵文杰，张楷. 基于互信息变量选择的 SCR 烟气脱硝系统非线性自回归神经网络建模［J］. 热力发电，2018，47（9）：22-26.

［4］谢晔，王宏铭等，660MW 机组脱硝 SCR 分区喷氨技术改造［J］. 宁夏电力，2022，（2）：66-70.

［5］张楷. 燃煤机组 SCR 脱硝控制系统设计与应用研究［D］. 华北电力大学，2019.

［6］邢波涛，乔源，赵文杰. 基于改进 NARX-DMC 的 SCR 脱硝控制策略［J］，华北电力大学学报（自然科学版），2020，47（6）：83-90.

［7］吕猛. 电站锅炉 NO_x 排放的预估方法研究［D］. 华北电力大学，2017.

［8］潘岩. 火电机组 SCR 烟气脱硝机理建模与智能控制［D］. 华北电力大学，2019.